武汉城市热岛效应时空演变的影响机制研究

谢启姣　著

U0262738

国家自然科学基金项目（编号：41401186）

湖北省自然科学基金项目（编号：2019CFB538）

资助出版

科 学 出 版 社

北 京

内 容 简 介

本书以武汉市为例,在收集相关自然、社会、经济、历史等资料的基础上,从人口城市化、经济城市化、空间城市化和生活方式城市化多个角度系统分析武汉市近30年来城市化进程对气温的影响;运用遥感和地理信息系统技术,模拟武汉城市热岛效应的时空演变特征,探讨城镇化及城市扩张对热场时空演变的驱动机制,刻画土地利用/覆盖特征及其变化对热岛效应时空演变的动态影响;并在此基础上进行多视角、多要素、多尺度、多层次的城市热岛效应影响因素及其作用机制的综合分析。本书部分插图配有彩图,封底扫二维码,进入"多媒体",可查看彩图。

本书可供城市气候及城市生态等领域的学生或科研工作者使用,也可作为高等院校城市地理及城市规划等方向的教学用书,还可作为相关领域规划设计实践者的参考用书。

图书在版编目(CIP)数据

武汉城市热岛效应时空演变的影响机制研究/谢启姣著. —北京:科学出版社,2021.3

ISBN 978-7-03-067613-9

I. ①武… II. ①谢… III. ①城市热岛效应—研究—武汉 IV. ①X16

中国版本图书馆 CIP 数据核字(2020)第 262598 号

责任编辑:杨光华/责任校对:高 嵘
责任印制:彭 超/封面设计:苏 波

科 学 出 版 社 出版

北京东黄城根北街 16 号
邮政编码:100717
http://www.sciencep.com

北京虎彩文化传播有限公司 印刷

科学出版社发行 各地新华书店经销

*

开本:787×1092 1/16
2021 年 3 月第 一 版 印张:10 3/4
2021 年 3 月第一次印刷 字数:257 000

定价:88.00 元
(如有印装质量问题,我社负责调换)

前　言

城市热岛效应是城市生态环境状况及质量的综合反映，不仅改变生物生理活动、生物物候、繁殖活动及其分布范围，且影响城市能耗量和能源布局，还与其他城市气候现象如城市降水及城市云雾等相互作用、相互影响，加重城市污染程度，影响城市人居环境质量。近年来，城市热岛现象变得越来越严重，对城市生态环境的作用也越来越复杂，城市热岛效应已成为威胁城市居民健康、影响城市生态系统可持续发展的重要因素。与城市化相关的人类活动是城市尺度热环境状况变化的重要驱动力，前人对其做了大量的研究，取得了重要的研究成果；系统、综合、动态地探讨城市化对城市热环境状况的影响，明确城市热岛效应时空演变的影响机制，对深入理解城市气候变化与人类活动的相互关系、践行规划设计以适应气候变化理念有着重要意义。

本书利用统计年鉴等社会经济数据和遥感影像等空间数据，立足时间、空间及时空动态等多个视角，综合考虑社会发展状况、城市建设水平、土地利用方式及布局等多个因素，运用数理统计和空间分析相结合的方法，从武汉市市域及主城区等不同尺度探讨武汉市近 30 年城市热岛效应的时空动态特征及其主要影响因素，综合、系统、全面地刻画城市热岛效应的时空演变及其影响机制，以期为武汉市乃至全国其他城市应对城市热岛效应及相关气候变化而进行城市规划调整、相应缓解措施制订提供生态学依据。

本书共 8 章。第 1 章简单梳理城市热岛效应及本书的缘起，包括研究背景及本书的主要思路。第 2 章从人口城市化、经济城市化、空间城市化和生活方式城市化多个角度定量 1987～2017 年城市化进程对武汉市气温的影响，明确城市热岛效应的气候变化背景。第 3 章基于不同尺度模拟 1987～2016 年武汉城市热岛效应的时空演变特征，梳理城市热环境状况的动态变化规律。第 4 章对比不同城市发展密度下地表温度的空间差异，分析不同研究年份城市建设水平对地表温度空间分布的影响。第 5 章重点分析不同研究时期城市化对地表温度时空变化的动态影响，探讨城市扩张对热场时空演变的驱动机制。第 6 章分析不同土地利用类型组成与地表温度空间分布的关系，探讨土地利用类型组合方式及城市景观格局对热岛空间分布的影响。第 7 章厘清不同研究时期土地利用变化与地表温度等级变化的时空耦合规律，探讨城市土地利用变化对热岛效应时空演变的动态影响机制。第 8 章从市域、中心城区及建成区等不同基质背景探讨地表温度变化的主要影响因素，定量刻画不同研究尺度城市热岛效应形成及变化的综合影响机制。

本书的出版得到了国家自然科学基金项目"基于遥感的城市绿地空间异质性及其热环境效应研究"（编号：41401186）和湖北省自然科学基金项目"基于规划视角的城市热舒适度空间分布及其影响因素研究"（编号：2019CFB538）的资助，在此感谢！

城市热岛效应的形成与演变过程复杂，各影响因素相互交叉、共同作用，本书虽力求完善，但由于作者学识有限，不足之处在所难免，敬请各界同仁指正！

作　者

2020 年 10 月

目　　录

第1章　绪　　论

早在 19 世纪初（1818～1833 年），英国化学家、气候学家 Lake Howard 在对比观测了同时间的伦敦城区和郊区的气温后，发现了城区气温比城市周围郊区气温高的现象，并对此现象进行了文字记载。他还在《伦敦的气候》一书中将这种气候现象称为"热岛效应"，这是人类第一次有目的并且有文字记载的研究城市热岛效应的开始，也是人类第一次关注城市和郊区气温差异的特殊现象的开端。但是真正明确提出城市热岛（urban heat island，UHI）概念的是 Manley（1958），城市热岛反映了城市与郊区之间的温度差异，因此只要城市与其周围环境之间存在着明显的温差，就意味着城市热岛的存在。城市热岛的概念一经提出，随即受到各国学者的关注和重视，他们对全球很多大城市开展了城市热岛效应研究，后来许多有名的中小城市也报道了城市热岛现象的存在。

Oke（1987）对北美加拿大的城市热岛现象进行过多次的观测和研究，最后将城市热岛概括为水平温度分布剖面图，如图 1.1 所示，从郊区到城市附近的近郊，气温突然升高，被称为气温的"陡崖"（cliff）；而到了城市区域气温则基本保持平缓一致，由于下垫面性质不同气温仍有所起伏，该段被称为"高原"（plateau）；在城市中心城区人口密集、建筑密度大、人类活动集中及人为热排放最大的区域，气温达到最高点，称为"高峰"（peak）。Oke 的这幅城市热岛水平温度分布剖面图很好地概括了城市热岛现象的水平分布特征：郊区的气温较为一致，如同一个平静的海面，对比之下，城区就成为明显的高温区，就像矗立于海面的岛屿，所以被形象地称为"城市热岛"，而城区高温与郊区低温的温度之差则被称为"热岛强度"。

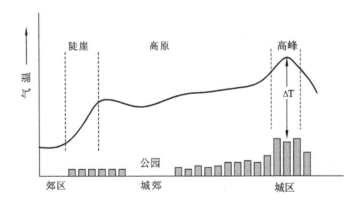

图 1.1　城市热岛水平温度分布剖面图（Oke，1987）

从研究角度或研究范畴来说，城市热岛效应包括三个层次（Voogt and Oke，2003）：城市边界层热岛（boundary layer heat island，BLHI）、城市冠层热岛（canopy layer heat island，CLHI）和地表城市热岛（surface urban heat island，SUHI）。城市边界层在城市冠层之上，白天厚度大约为 1 km，晚上则可能会收缩至几百米（Oke，1995）。城市边界层热岛是指城市边界层温度与郊区边界层温度之间的差异。城市冠层是紧邻城市地表的大气层，介于城市地表与城市边界层之间，厚度相当于城市建筑物的平均高度。城市冠层和郊区冠层之间的温度差异被称为城市冠层热岛。城市边界层热岛和城市冠层热岛被用来描述城市大气的热岛效应，主要通过测量大气的实际气温来实现。地表城市热岛被用来描述城市表面的热岛效应，主要借助遥感手段得以实现。由于地表温度表征了地表附近的热环境特征，是影响城市气候最为重要的因素之一，决定着城市生态系统的能量流动和物质流动，并且与人们的生活紧密相关，所以城市地表热岛效应得到更多的关注和研究。

1.1　研究背景

全球气候变暖已成为全世界共同关注的重要问题，它不仅危害自然生态系统的平衡，更会威胁人类的食物供应和居住环境。联合国政府间气候变化专门委员会（Intergovernmental Panel on Climate Change，IPCC）指出导致全球气候变暖的最主要的原因是人类活动、土地利用变化、城市化发展及温室气体的排放（IPCC，2001）。城市不断"摊大饼"一样地蔓延扩大及农村人口进一步向城市集中，极大地改变了自然界原有的景观，如城市景观是集聚的建筑物、集聚的产业经济、集聚的人居社区与被分割覆盖的自然及半自然的水体和绿色植被之间的网络组合。不断加速的城市化对气候最重要的影响之一就是城市热岛出现和温室气体排放，已经并将继续影响城市气候。由于全世界范围内城市规模不断扩大、人口不断向城市集中、人为热排放量迅速增长、城市建筑物猛增等原因，城市热岛现象从一般的气象问题变成影响城市生态环境的重要因素。热岛效应促使城市用于空调运转的耗能量（包括建筑物内、交通工具内等）上升，从而导致温室气体排放大量增加，温室气体排放又直接加速全球变暖，气温进一步上升反过来又加重热岛效应，这之间已经形成了恶性循环的关系。

近年来，城市热岛现象变得越来越严重，对城市生态环境的影响也是多方面的。由于温度是生物生长、活动和分布的重要的生态影响因子，城市热岛现象形成的城市高温改变了生物生理活动、生物物候、繁殖活动及其分布范围（Zhou et al.，2016；Jochner and Menzel，2015；蔡红艳 等，2014），有研究表明，城市温度的升高会使植物发芽、开花等生理时间提前，而使落叶时间延迟（Sukopp，1998）。强烈的热岛效应不仅会在炎热的夏季带来酷热的天气，还会造成各种异常城市气象，如暖冬、飑风及暴雨等，同时城市热岛与其他城市天气现象如城市降水、城市云雾及城市湿度等相互作用、相互影响（周淑贞和束炯，1994）。城市热岛效应促进了云的形成，并加速其运动，从而增加城市地区的降水量，使得城市降水特征及水文状况发生变化（Shepherd et al.，2002；Bornstein and Lin，2000），从而形成"城市雨岛现象"。城市热岛现象的存在使得城市热岛中心和郊区之间气流的交换形成一个闭合的环流圈，造成城市大气污染物的集中，在城市较暖的气流中含有大量的粉尘和烟雾（Abbassi et al.，2020；Li et al.，2018），在气流的运动过程中或降落在城市及其周围，或聚集在城市的上空，与大气中的水汽结合，形成"城市污岛"和"城市雾岛"，这种污染性的物质或者烟雾降低了城市的能见度，加重了城市的污染程度，对人类的呼吸系统产生危害。

同时，城市中的持续高温加速了大气中的化学循环，致使大气层中的臭氧层破坏，减少了对太阳辐射的抵挡，使到达地表的太阳辐射量增加，地表温度也因此升高，形成恶性循环；高温同时也导致近地表臭氧浓度的提高，高浓度的臭氧增加了城市光化学烟雾发生的频率，严重危害到人类的健康。城市热岛不仅对城市环境质量及市民健康产生非常不利的影响，同时也给城市生活带来很大的经济负担，持续的高温会使城市工商业用电、居民用电等能耗剧增（Li et al.，2019；Santamouris and Kolokotsa，2015），造成电力紧张，城市能源消耗的增加又加剧了城市污染和热岛现象的程度。城市热岛形成的城市高温在夏季使居民感到不适和烦躁，工作效率也会受到明显的影响，城市热岛及随之产生的"城市污岛"对城市居民的健康也有很大的影响（Morris et al.，2017；吴凡 等，2013；Lin et al.，2012），甚至会引起各种疾病，特别是使心脏、脑血管和呼吸系统疾病的发病率增加，如1980年7月，美国圣路易斯市和堪萨斯市遭遇罕见热浪，城市中受热岛影响的商业区人口死亡率分别上升了57%和64%，而未受影响的城郊地区，其死亡率上升不到10%（彭少麟 等，2005）。

城市热岛效应的形成机制及其影响因素是研究城市热岛效应缓解对策的前提，也是当前城市生态研究的基础，对研究城市生态系统健康可持续发展有着重要意义。城市化及与其相关的人类活动是现代城市热岛形成的最主要原因，城市化与城市热岛的关系已得到国内外众多学者多角度的阐述，城市化导致城市气温升高和城市热岛加剧已得到证实，但是城市热岛效应与城市化进程的协同变化规律及其时空演变的影响机制仍不十分清楚，一定程度上制约了城市热岛效应缓解对策的制定，为研究人类活动对城市环境的影响提出了挑战。

1.2　研究区概况

武汉市是我国中部崛起战略的重要城市，经济发展是武汉市发展和建设的重要目标，由此而产生的城市化和城市生态环境问题将是城市生态学者必须考虑和面临的重大课题。气象资料显示，武汉市自20世纪以来城市气温总体上保持着变暖的趋势（李灿和陈正洪，2010），究其原因，独特的自然地理因素固然是一个重要方面，但由城市化引起的热岛效应对城市升温的影响更为重要（张俊 等，2019）。目前，武汉市常住人口已经超过1 100万人，由于城市周围地理环境、下垫面因素及人为因素的影响，城市热岛效应十分明显。本书以武汉市为研究对象，探讨武汉市热岛效应的时空演变特征及其主要驱动机制具有研究的必要性及典型性。

1.2.1　武汉市自然概况

武汉市地处29°58′N～31°22′N，113°41′E～115°05′E，属于北亚热带季风性气候，具有热量充足，雨量充沛，四季分明，冬冷夏热，雨、光、热同季，无霜期长的特点。年平均气温为15.8～17.5 ℃（1934年8月10日出现41.3 ℃极端最高气温，1977年1月30日出现-18.1 ℃极端最低气温）；年无霜期为211～272天；年日照时数为1 810～2 100 h；年降水量为 1 150～1 450 mm，且多集中在 6～8 月，占了全年总降水量的 40% 左右。武汉市市域以平原地貌为主，为江汉平原丘陵向大别山南麓低山丘陵过渡区，具体为南北丘陵、低山，中间低平，其中低山面积占全市总面积的 5.8%，丘陵面积占 12.3%，垄岗平原面积占 42.6%，平坦平原面积占 39.3%。武汉市市域土壤共有 8 个类型，其中水稻土面积占 45.5%，黄棕壤面积占 24.8%，潮土面积占 17.0%，红壤面积占 11.2%，其他土壤类型包括石灰土、紫色土、草甸土及沼泽土面积共占 1.5%。

武汉市处于长江与其最大支流——汉江交汇处，市域范围内水体丰富，市内江河沟渠纵横交错，湖泊库塘星罗棋布，被誉为"百湖之市"。其总的水域面积约占全市总面积的 26%，达到 2 217.6 km²。武汉市植物区系处于中亚热带常绿阔叶林向北亚热带落叶阔叶林过渡的地带，不仅存有亚热带常绿阔叶乔灌木（如壳斗科、樟科和山茶科一些常绿种），还有暖温带落叶阔叶乔灌木，因此兼具了南方和北方植物区系的特征，全市最典型的植被类型为常绿阔叶与落叶阔叶混交林。

1.2.2　武汉市社会经济概况

武汉市是湖北省省会，位于湖北省东部，是中部六省唯一的副省级市、国务院批复确定的中部地区的中心城市，拥有 3 500 多年的悠久历史，是全国重要的工业基地、科教基地和综合交通枢纽，是华中地区和长江中游重要的经济、金融、科技、教育和文化中心。武汉市地处我国腹地中心，素有"九省通衢"之美誉，是我国内陆最大最重要的水陆空交通枢纽，这种巨大的交通区位优势有力地推动了武汉市的经济发展，也使之发展成为在全国拥有重要地位的特大城市之一。

武汉市东西最大横距约 134 km，南北最大纵距约 155 km。截至 2019 年末，总面积 8 569.15 km²，建成区面积 812.39 km²。全市下辖江岸区、江汉区、硚口区、汉阳区、武昌区、青山区、洪山区、蔡甸区、江夏区、东西湖区、汉南区、黄陂区和新洲区共 13 个行政区及武汉经济技术开发区（汉南区）、东湖新技术开发区、东湖生态旅游风景区、武汉化学工业区（2018 年与青山区合并）、武汉临空港经济技术开发和武汉新港 6 个功能区。2019 年常住人口 1 121.2 万人，比上年末增加 13.1 万人，其中城镇常住人口约 902.45 万人，占总人口的 80.49%。2019 年武汉市实现地区生产总值 1.62 万亿元，比上年增长 7.4%。其中第一产业增加值 378.99 亿元，增长 3.0%；第二产业增加值 5 988.88 亿元，增长 6.5%；第三产业增加值 9 855.34 亿元，增长 8.2%。

1.2.3　武汉市城市热岛概况

武汉由于其炎热多湿的夏季气候特征，城市热岛效应明显，历来受到很多城市生态学者的关注。随着武汉市城市人口增加和城市规模的扩张，武汉市平均气温呈现上升趋势，城市热岛效应也存在增强的趋势（陈正洪 等，2007；张穗 等，2003），城市热岛范围和热岛强度均存在明显的加速（谢启姣 等，2016；梁益同 等，2010）；武汉城市热岛主要集中在人口稠密、工业集中、商业发达、路网密集的城市建成区，而以长江为主的水体和大型城市绿地则成为武汉市的低温廊道或"冷岛"（谢启姣 等，2017；曹丽琴 等，

2008）；城区面积扩大、绿地覆盖率降低及水体面积减少是城市热岛加剧的重要原因（谢启姣，2016），保护现有的水体和合理化布局城市绿地是缓解城市热岛的重要途径。以上研究从多个角度对武汉市的温度分布及热岛效应的特征进行了分析，为武汉市的气候及生态效应研究提供了良好的基础，但是由于这些研究分别侧重于不同的方法、角度和尺度等，难以形成系统的研究成果，很难切实地为武汉城市规划、城市绿地规划及城市生态监测提供翔实、直观的依据。

1.3 本书研究内容及数据来源

1.3.1 主要研究内容

本书综合利用各方面、多层次的数据类型、城市指标和研究方法，分别从人口、经济发展及下垫面性质（土地利用/覆盖类型）变化等不同视角系统分析城市化对武汉市城市气温和城市热岛的影响；引入不透水面指标定量表征城市扩张与城市地表温度的关系，更加系统、全面、深入地探讨武汉市城市建设和城市化对城市热岛效应的影响及作用机理；查明土地利用/覆盖类型的空间分布及景观格局与地表温度的空间耦合规律，探讨其时空演变对城市热岛效应的动态影响；从武汉市市域、武汉市建成区等不同的尺度探讨武汉市 30 年（1987～2016 年）城市热岛效应的时空演变特征及其主要影响因素，综合、系统、全面地刻画城市热岛效应形成及变化的影响机制，以期为武汉市乃至全国其他城市应对城市热岛效应及其他环境影响、实现城市生态系统的可持续发展提供理论和科学依据。主要研究内容如下：

（1）武汉城市化进程对城市气温的影响；

（2）武汉城市热岛效应的时空演变特征；

（3）武汉市城镇化及城市扩张对热场时空演变的驱动机制；

（4）武汉市城市土地利用分布格局及变化对热岛时空演变的动态影响；

（5）不同尺度武汉城市热岛效应的影响因素及机制。

1.3.2 主要数据来源

本书集中于 1987～2016 年武汉城市热岛效应时空演变及其影响机制的研究，主要数据来源为相应时期的统计年鉴资料及遥感影像数据。

（1）武汉市 1∶100 000 道路交通图。

（2）武汉市气象资料（1987～2016 年）。

（3）武汉市人口资料（1949～2016 年）。

（4）武汉市建设资料（1987～2016 年）。

（5）武汉市绿地系统分布图（2016 年）。

（6）《武汉统计年鉴》（1988～2018 年）。

（7）1987 年、1996 年、2007 年和 2016 年遥感影像：本书对近 30 年内遥感影像进行挑选，尽量保证时间间隔相对均匀，优先选择夏季拍摄、云量低、成像质量高的影像，基于数据可获得性、代表性等原则，最终从地理空间数据云中选取覆盖武汉市的 1987 年 9 月 26 日、1996 年 10 月 4 日、2007 年 4 月 10 日 Landsat 5 影像及 2016 年 7 月 23 日 Landsat 8 影像，具体影像信息见表 1.1。

表 1.1 研究区遥感影像介绍

传感器	获取日期	行/列号	分辨率/m	云量/%	波段
Landsat 5 TM	1987/09/26	123/039	30/120	0.00	波段 6
Landsat 5 TM	1996/10/04	123/039	30/120	0.01	波段 6
Landsat 5 TM	2007/04/10	123/039	30/120	0.47	波段 6
Landsat 8 OLI/TIRS	2016/07/23	123/039	30/120	0.41	波段 10/11

第2章 武汉市城市化进程对气温的影响

城市化是人类活动作用于生态环境的最重要的方式之一，是社会经济发展到一定历史阶段的必然产物，也是工业革命发展的必然结果，城市化进程具有多层次的内涵：①人口的城市化，指的是农业人口进入城市后转变为非农业人口，或者农村地区转变为城市地区导致的农业人口转变为非农业人口的过程；②经济的城市化，指的是产业结构的升级和产业结构的城市化，农业在国民经济中所占比重的下降，二、三产业比例的上升；③空间的城市化，即农村景观向城市景观的转变过程，也就是经济和人口的城市化反映在载体上的变化，伴随着农村地域向城市地域的不断转变，如建成区面积扩大、耕地面积相应减少等；④生活方式的城市化，随着人口、经济和空间的城市化，居民的行为习惯、生产方式、社会组织关系及价值观念都会发生相应的变化，形成与农村完全不同的生活方式，虽然生活方式的城市化很难得以量化，但也是城市化进程中不可或缺的组成部分，也是城市化最终的体现。

人类活动对城市热岛效应的影响一直受到国内外学者的关注，国外很早就发现了城市人口和城市规模对城市热岛效应有着明显的影响。快速的城市化和工业化使得城市人口聚集、城市经济繁荣和社会活动频繁，这些都会导致城市能源消耗增加，从而导致当地气温持续上升，热岛效应不断增强（Ward et al., 2016; Saitoh et al., 1996）。城市人口总数和城市人口比例的增长是考查城市化发展的一个综合性指标，其对城市热岛效应的影响并非单纯地反映在人口增长带来的人体排热量的增加，更多地体现在城市人口增加引起的城市其他方面特征的综合效应（顾莹和束炯，2014; Zhang et al., 2013）。一方面，城市人口的集中增加了饮食、洗浴、照明、空调、城市车辆等的使用，从而增加了大量的生活排热；另一方面，城市人口的增加必然伴随着城市住房、交通道路、基础设施、服务设施等的增加，以及城市二、三产业非农生产活动的集中，这就意味着城市经济活动和城市工业区的集中及城市能源消耗的增长（Giridharana and Emmanuel, 2018; Gago et al., 2013），这些因素共同作用最终影响城市气温和城市热岛效应的变化。众多研究表明，城市气温随着人口的增加而上升，且城市气温与城市人口规模之间存在非线性关系；此外，城市居民的住宅用地面积、道路面积及能源消耗的增加和城市绿地的减少也是城市热岛形成和加剧的主要原因，由此而产生的城市社会经济发展特征也与城市热岛强度有着明显的关系（Hong et al., 2019）。城市化进程中社会、经济、建设等的迅速发展引起城市与郊区的能耗和热量收支平衡的差异即城市热岛效应。

随着全球城市化的不断推进，城市动态、城市化和城市景观格局变化及其生态效应已经成为生态学特别是城市生态学研究的重要问题，其中城市化程度或城市化率对城市热岛的影响一直是研究的热点。我国乃至全世界都面临城市化带来的经济发展，以及由此引起的城市能源消耗及城市环境质量下降的问题，城市化进程的加快的确使大多数城市的增温现象及城市热岛效应愈加突出。虽然对不同的城市而言，影响城市增温和城市热岛效应的主导因子并不相同，但是城市化导致的人口增长、基础设施建设、二、三产业比例的提高、能源消耗及社会经济发展等都与城市热岛呈现出正相关，都是影响城市热岛形成和加剧的重要原因。探讨城市化进程与气温的协同变化关系有助于直观理解城市化进程对城市气候变化和生态环境的影响并为之做出相应的对策调整。

2.1 研究方法

城市化进程涉及城市多个方面的变化，而城市化对城市生态环境的影响也比较复杂，本章利用《武汉统计年鉴》（1988～2018 年）获得武汉市 30 年气温、人口、经济和社会发展等数据，采用多角度、多层次、多维度的综合性评价指标度量城市化率，分析 1987～2017 年城市化进程对武汉市气温的影响。

2.1.1 城市化进程评价

城市化最直接的结果就是城市人口的聚集，因此大多数学者采用城市中非农人口占总人口的比例来衡量一个城市的城市化水平，但是城市化是一个非常复杂的过程，涉及人口、经济、社会、环境和城市建设等多个方面的变化，不同的指标对城市环境的影响程度是不同的。本章探讨城市化进程对城市气温变化的影响，根据武汉市实际情况，选取城市化进程评价指标，这些指标既要能有效体现城市化的发展水平，又要能充分解释城市化对城市气温的影响，因此在充分理解城市化内涵的基础上，建立以下的城市化进程评价指标体系（表 2.1）。①人口城市化：总人口、非农人口、非农人口占比，这三个指标分别反映了武汉市人口数量的绝对值和城市人口的相对值。②经济城市化：地区生产总值，第一产业、第二产业、第三产业产值及二、三产业占地区生产总值的比例。地区生产总值体现城市的经济水平和城市发展状况，三大产业产值及其比例体现一个城市的经济结构是否优化。③空间城市化：建成区面积、耕地面积、人均道路面积、固定资产投资。建成区面积直观体现城市空间的扩张程度，耕地面积体现城市建设对农村用地的影响，人均道路面积体现城市的建设水平及开发程度，固定资产投资体现城市总体上对城市建设的投入程度。④生活方式城市化：年末机动车拥有量，该指标体现城市居民的生活水平及消费能力。

表 2.1 武汉市城市化进程评价指标体系

城市化度量维度	度量指标
人口城市化	总人口、非农人口、非农人口占比
经济城市化	地区生产总值、第一产业产值、第二产业产值、第三产业产值
空间城市化	建成区面积、耕地面积、人均道路面积、固定资产投资
生活方式城市化	年末机动车拥有量

2.1.2 城市化水平评价

对武汉市 1987～2017 年 30 年间的月平均气温（数据来自《武汉统计年鉴》）进行分析，分别统计出 30 年的每年 3～5 月平均气温、6～8 月平均气温、9～11 月平均气温和 12 月～次年 2 月平均气温，以此代表一年中春、夏、秋、冬四季气温，分析相应的气温季节和年际变化趋势，并通过不同维度的城市化度量指标与气温之间的统计分析，定量分析它们之间的相关性及拟合程度，探讨城市化进程对气温变化的影响。

2.2 1987～2017 年武汉市城市化进程

基于《武汉统计年鉴》（1988～2018 年）的相关数据，从人口城市化、经济城市化、空间城市化和生活方式城市化四个维度度量武汉市 1987～2017 年城市化进程，探讨 30 年间武汉市城市化发展的趋势，为进一步探讨其对气温的影响提供数据基础。

2.2.1 人口城市化

武汉市作为湖北省的省会城市，有着独特的地理位置，在相关政策和经济发展战略的引导下，城市建设和经济都取得了前所未有的发展，武汉市总人口和非农人口也随着经济环境的变化逐年上升（图 2.1）。其中年末总人口从 1987 年的 629.3 万人，到 1997 年的 723.9 万人，到 2007 年的 828.2 万人，再到 2017 年的 853.7 万人，30 年间共增加 224.4 万人，增长了 35.66%。武汉市非农人口也从 1987 年的 352.5 万人，到 1997 年的 422.6 万人，到 2007 年的 528.6 万人，再到 2017 年的 619.4 万人，30 年间共增加了 266.9 万人，增长了 75.72%，增长速度明显比总人口快，但从总体来说年末总人口

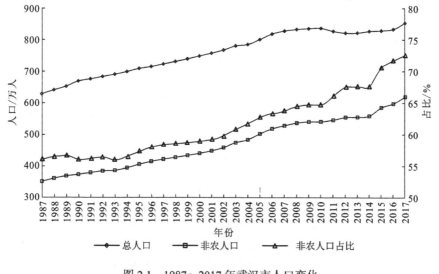

图 2.1 1987～2017 年武汉市人口变化

和非农人口都呈现出平稳增加的态势。非农人口占比被认为是表征人口城市化的一个重要指标，1987～2017 年，武汉市的非农人口占比从 56.0%增加到 72.6%，这说明在 1987～2017 年，武汉市的城市化进程并不快，但是从图 2.1 中可以看出，从 2002 年开始，武汉市非农人口占比开始明显变化，人口城市化速度有加快的趋势。在不同发展阶段，人口数量变化有所不同。武汉市总人口和非农人口平均每年的增加数：1987～1997 年分别为 9.5 万人和 7.0 万人；1997～2007 年分别为 10.4 万人和 10.6 万人；到 2007～2016 年，则分别为 2.5 万人和 9.0 万人。说明随着城市化的推进，非农人口的增加速度逐步超过总人口的增加速度。

2.2.2 经济城市化

武汉市城市发展体现在经济实力上就是地区生产总值的变化，而第一产业、第二产业、第三产业的产值及其构成则反映了城市化过程中的经济结构变化，同时也能反映城市的经济发展水平。从图 2.2 可以看出，武汉市的经济实力不断增强，地区生产总值及第一产业、第二产业、第三产业产值持续增长，尤其是进入 21 世纪以来，武汉市的经济进入快速发展阶段，经济增长明显加快。地区生产总值从 1987 年的 124.6 亿元增加到 2017 年的 13 410.4 亿元，30 年间共增加 13 285.7 亿元，比 1987 年增加了 10 662.68%，年平均增长率达 355.4%。第一产业、第二产业和第三产业产值分别从 1987 年的 16.1 亿元、72.8 亿元和 35.7 亿元增加到 2017 年的 408.2 亿元、5 861.3 亿元和 7 140.8 亿元，30 年间分别增加了 392.1 亿元、5 788.5 亿元和 7 105.1 亿元，年平均增长率分别达到 11.4%、15.8% 和 19.3%。

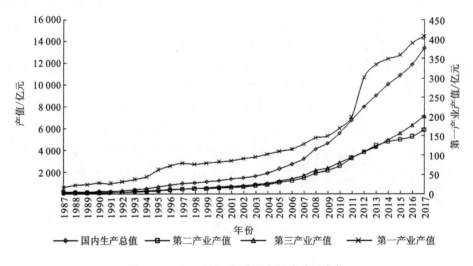

图 2.2 1987～2017 年武汉市经济总量变化

30 年间武汉市经济发展迅速，但不同时期经济增长速度差别较大，1987～1997 年 10 年间，地区生产总值、第一产业产值、第二产业产值和第三产业产值平均每年分别增加 78.8 亿元、6.3 亿元、34.9 亿元和 37.6 亿元，年平均增长率分别为 22.0%、17.2%、19.2% 和 27.7%；1997～2007 年 10 年间，四项产值平均每年分别增加 229.7 亿元、5.0 亿元、

101.8 亿元和 122.9 亿元，年平均增长率分别为 13.4%、5.1%、13.1% 和 14.8%；2007～
2017 年 10 年间，四项产值平均每年分别增加 1 020.1 亿元、27.9 亿元、442.1 亿元和 550.1
亿元，年平均增长率分别为 15.4%、12.2%、15.1% 和 15.9%。

　　从图 2.2 中可以看到，虽然在 1987～2017 年各经济指标都发生了巨大的变化，三大产
业产值都有不同程度的增加，但是二、三产业的增长速度却明显不同，这说明各产业发展
在城市化过程中并不平衡。而三大产业在地区生产总值中的比例变化能很好地诠释城市化
进程中经济结构的变化，如图 2.3 所示。尽管不同年份三大产业产值所占比例并不相同，
但总体结构比较相似：地区生产总值中，第一产业产值所占比例均较小，占比为 2.9%～
15.6%；第二产业和第三产业产值比重较大，分别为 44.3%～58.4% 和 28.7%～53.3%。

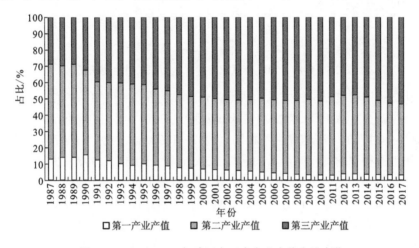

图 2.3　1987～2017 年武汉市三大产业产值占比变化

　　但三大产业产值的比重及结构随着时间的推移不断变化，总体来讲，第一产业在经
济总量中的比重不断下降，从 1987 年的 12.9% 下降到 2017 年的 3.0%；第二产业从 1987
年的 58.4% 下降到 2017 年的 43.7%，但从 1999 年之后占比变化不大，保持较为稳定的
趋势；第三产业比重则持续上升，从 1987 年的 28.7% 上升到 2017 年的 53.3%，成为经
济总量的重要组成部分。三大产业所占比重的变化表明武汉市在经济发展的过程中，经
济结构也在不断调整。

2.2.3　空间城市化

　　城市化体现在空间上就是城市建设用地的扩张，表现为建成区面积的扩张和农用地
的缩减。建成区面积的变化从一定程度上反映一个城市的扩展速度和发展程度。从图 2.4
可以看出，武汉市建成区面积从 1987 年的 184.6 km² 增加到 2017 年的 628.1 km²，30 年
间增加了 443.5 km²，平均每年增加 14.8 km²。但建成区面积并非稳定增加，相对于 1987～
2007 年的稳定变化，2007 年后增长速度明显加快。具体来看，1987～1997 年，建成区
平均每年增加 1.74 km²；1997～2007 年，平均每年增加 2.03 km²；而到 2007～2017 年，
建成区平均每年增加 40.6 km²，扩张速度剧增，也说明 2007 年后，城市化进程明显加快，
使得人们对城市生产、生活水平和居住环境都提出了更高的要求。

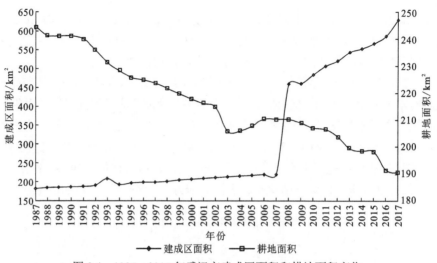

图 2.4　1987～2017 年武汉市建成区面积和耕地面积变化

城市化进程的推进以牺牲大量的耕地为代价，由图 2.4 可知，1987～2017 年武汉市耕地面积持续减少，从 1987 年的 244.3 km² 减少到 2017 年的 190.6 km²，30 年共缩减了 53.7 km²。不同时期的缩减速度也不相同，1987～1997 年、1997～2007 年和 2007～2017 年武汉市耕地面积平均每年减少 2.1 km²、1.3 km² 和 2.0 km²，1997～2007 年耕地面积的缩减速度相对较慢，之后由于城市建设加快，大量耕地被建设用地侵占。

人均道路面积指的是城市每一居民平均占有的道路面积。城市化导致城市建筑面积快速增加，首先必须是道路的贯通和路网的形成，因此随着城市化进程的加快，城市道路长度、路网密度和道路面积必然增加，而人均道路面积则能有效反映这些指标的变化。从图 2.5 可以看出，武汉市的人均道路面积在 30 年间持续增加，从 1987 年的 1.5 m² 增加到 2017 年的 13.5 m²，尤其是进入 21 世纪后，武汉市城市建设速度加快导致人均道路面积加速增长。固定资产投资总额不仅能反映城市的发展速度及投资规模，也能反映城市的建设投入程度。武汉市 30 年间固定资产投资总额增长明显，从 1987 年的 32.7 亿元增加到 2017 年的 7 871.7 亿元，30 年间共增加 7 839.0 亿元，增加了约 240 倍。其中 2007～2017 年增长速度最快，平均每年增加 613.9 亿元。

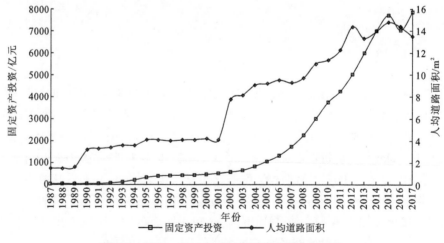

图 2.5　1987～2017 年武汉市城市建设指标变化

2.2.4 生活方式城市化

作为城市化的最终体现，城市居民生活方式和生活水平的城市化本身很难定量，但是居民的生活方式和生活水平的载体可以反映出城市化的程度，本章选用年末机动车拥有量表征武汉市生活水平的城市化。年末机动车拥有量能够从另一个侧面体现城市居民的生活水平和消费水平，1987 年末武汉市的机动车只有 8.7 万辆，1997 年末达到 24.7 万辆，2007 年末达到 76 万辆，到 2017 年末增加到 261.1 万辆，30 年间机动车增加了 252.4 万辆。年末机动车拥有量的大幅增加说明城市建设和经济发展已经惠及城市居民，居民的生活水平和生活质量有了明显的改善，城市居民的生活方式已经发生了很大的变化。

从图 2.6 中可知，随着城市经济水平和建设程度的提高，机动车的拥有量逐年上升，且增长速度不断加快。1987～1997 年年末机动车拥有量共增加了 16 万辆，平均每年增加 1.6 万辆；1997～2007 年，共增加了 51.3 万辆，平均每年增加 5.1 万辆；而 2007～2017 年 10 年间，一共增加了 185.1 万辆，平均每年增加 18.5 万辆。机动车数量的增加，提高了居民的生活质量，但同时却对城市道路、停车设施等基础设施和能源供应提出了更高要求。

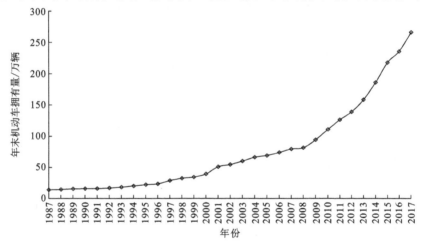

图 2.6 1987～2017 年武汉市年末机动车拥有量变化

2.3 1987～2017 年武汉市气温变化趋势

随着经济发展和科技水平的进步，人们的生活水平逐步提高，人类对自然和环境的干预和改造也越来越强烈，人类活动排放到环境中的热量也越来越多，大多数城市都面临着气温升高和城市热岛加剧的后果，本节将分析武汉市气温的年际和季节变化趋势。

2.3.1 气温年际变化趋势

将《武汉统计年鉴》（1988～2018 年）记录的武汉市年平均气温数据进行梳理，图 2.7 展示了近 30 年间武汉市气温变化状况。从图中可以看出，年平均气温呈现先升后降的趋势，从1987年的16.6℃不规则上升到2007年的18.5℃（为研究期内历年最高年平均气温），20年间上升了1.9℃；之后开始呈现下降趋势，到2017年，年平均气温降为17.3℃。为更好地理解气温变化的趋势，按照不同时期的变化规律，对其变化趋势进行拟合，发现1987~2007年的最优拟合方程为线性：$y=0.086\,6x+16.506$（$R^2=0.655\,8$）；1987~2017年最优拟合方程为多项式，其趋势方程为 $y=-0.005x^2+22.46x-22\,480$（$R^2=0.418$）。说明研究期内前20年气温变化较整个研究期30年序列的气温变化更为规律，一定程度上证实武汉市气温变化的影响因素越来越复杂。

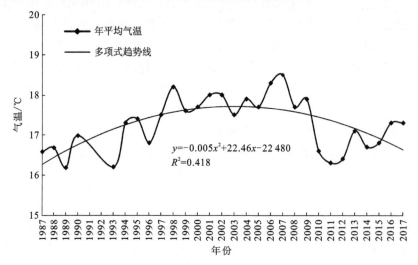

$$y=-0.005x^2+22.46x-22\,480$$
$$R^2=0.418$$

图 2.7　1987~2017年武汉市气温年际变化趋势

2.3.2 气温季节变化趋势

对《武汉统计年鉴》（1988~2018年）记录的武汉市1987~2017年共30年的逐月气温数据进行整理，分别得到武汉市春季平均气温、夏季平均气温、秋季平均气温及冬季平均气温，分析季节气温在时间序列上的变化规律。

图 2.8（a）显示了武汉市春季平均气温的变化规律，总体上呈现先升后降的趋势，趋势拟合呈现多项式形式，拟合方程为 $y=-0.007x^2+30.76x-30\,830$（$R^2=0.438$）。30年间武汉市春季平均气温变化为15.6~19.2℃，最小值发生在1987年，到2008年达到最大值，随后又开始减小，到2017年降为17.3℃。

图 2.8（b）显示了武汉市夏季平均气温的变化规律，总体上同样呈现先升后降的趋势，多项式拟合方程为 $y=-0.005x^2+21.53x-21\,537$（$R^2=0.217$）。武汉市夏季平均气温变化范围为26.5~29.4℃，最低温出现在2014年，最高温出现在2006年，这与夏季平均气温越来越高的预想并不一致。

图 2.8（c）显示了武汉市秋季平均气温的变化规律，其变化趋势可用多项式拟合方程：$y=-0.007x^2+29.76x-29\,766$（$R^2=0.239$）表示，依然是先升温后降温的趋势。秋季平均气温变化范围为16.9~22.8℃，变化幅度达5.9℃，为四个季节之最，主要原因在于1998年的极值22.8℃，远高于其他年份的秋季气温平均值。

图 2.8（d）展示了武汉市冬季平均气温的变化规律，变化趋势拟合方程为 $y=-0.004x^2+18.58x-18\,583$（$R^2=0.115$），其 R^2 为 4 个季节最小值，一定程度上反映出冬季平均气温变化的复杂性。从变化趋势看，总体上 1987～1999 年，冬季平均气温呈现逐步上升的规律，到 1999 年达到最大值 7.8 ℃，之后变化趋势愈加复杂。30 间武汉市冬季平均气温变化范围为 3.6～7.8 ℃，变化幅度为 4.2 ℃。

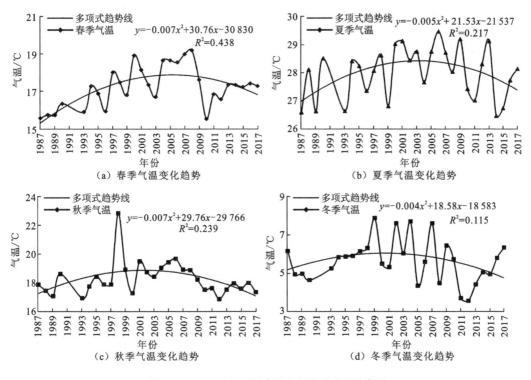

图 2.8　1987～2017 年武汉市气温季节变化趋势

2.4　气温与各城市化进程评价指标的关系

全球气候变暖对城市气温的影响不容置疑，而城市化对城市热环境的影响更是加剧了城市气温升高。众多研究证实，社会经济、城市发展等城市化指标与气温的关系密切。通过对 1987～2017 年武汉市城市化水平和武汉市气温变化特征的分析可以看出，随着城市建设的深入和经济的发展，武汉市城市化水平不断提高，与此同时武汉市气温也出现增温趋势，为进一步分析气温与城市化进程之间的关系，分别对武汉市年平均气温、春季平均气温、夏季平均气温、秋季平均气温及冬季平均气温与各城市化进程评价指标的关系进行拟合。

2.4.1　气温与人口城市化的关系

对 1987～2017 年武汉市总人口、非农人口及非农人口占比分别与春季、夏季、秋季和冬季平均气温进行散点图分析，并进行相应的回归分析，得到最优的拟合方程，见表 2.2。结果发现人口城市化指标与不同季节平均气温均为非线性拟合关系，其中总人口数和非农人口数与气温表现为多项式拟合关系；而非农人口占比除与冬季平均气温呈现幂函数拟合关系外，与其他季节均为多项式拟合关系。且人口城市化指标与春季平均气温的拟合关系（R^2 为 0.288～0.404）明显优于其与其他季节的拟合结果（R^2 为 0.046～0.209），说明人口指标对春季平均气温的影响更大。而在所选人口城市化的 3 个指标中，非农人口与不同季节平均气温的拟合程度均比总人口数和非农人口占比与相应季节平均气温的拟合关系更优，说明非农人口的数量对季节气温的影响程度更大。但总体上，所选的 3 个人口城市化指标与各季节平均气温的拟合程度并不高，R^2 仅为 0.046～0.404，说明仅仅选择人口城市化指标并不能很好地解释 1987～2017 年各季节气温的变化。

表 2.2　1987～2017 年不同季节气温与人口城市化指标的拟合关系

季节	总人口		非农人口		非农人口占比	
	拟合方程	R^2	拟合方程	R^2	拟合方程	R^2
春季	$y=-1.02\times10^{-4}x^2+0.160x-45.32$	0.388	$y=-1.03\times10^{-4}x^2+0.103x-8.237$	0.404	$y=-0.021x^2+2.732x-70.47$	0.288
夏季	$y=-7\times10^{-5}x^2+0.106x-12.55$	0.143	$y=-7\times10^{-5}x^2+0.067x+12.01$	0.180	$y=-0.013x^2+1.705x-25.74$	0.128
秋季	$y=-1.17\times10^{-4}x^2+0.176x-47.32$	0.158	$y=-1\times10^{-4}x^2+0.092x-3.016$	0.209	$y=-0.016x^2+2.105x-46.81$	0.148
冬季	$y=-8\times10^{-5}x^2+0.114x-36.28$	0.076	$y=-4\times10^{-5}x^2+0.040x-3.235$	0.082	$y=49.29x^{-0.52}$	0.046

将人口城市化进程（图 2.1）和年平均气温变化趋势（图 2.7）结合起来，发现两组关系呈现出明显的阶段性变化规律：即 1987～2007 年，城市化进程与气温的变化趋势较整个研究期（1987～2017 年）更为协同。因此，分阶段分别将年平均气温与人口城市化指标进行回归分析，见表 2.3。结果表明，20 年间人口城市化指标与年平均气温的拟合关系明显优于 30 年间两组的拟合关系，而研究期后 10 年（2007～2017 年）为武汉市经济发展和城市化迅速发展的时期，这意味着随着城市化进程的加快，城市的气温受到或单纯受到人口数量的影响越来越小。但在两个阶段中，非农人口与年平均气温的拟合关系均优于总人口及非农人口占比与年平均气温之间的拟合关系，非农人口的增加是气温升高的诱因之一。一方面，由于城市人口的聚集，与人体相关的新陈代谢产生的热量，人们日常生活、学习和工作等消耗的能量都能产生热量，这些都直接地增加了城市的热量；另一方面，城市人口的增加势必引起空调及各种电器设备、交通工具及燃油煤炭等能源消耗的增加，这些消耗的能量都以人为热的形式排放到大气中，间接地加速了城市热量的聚集。同时，大量人为废热排放的同时也增加了大气中污染物的浓度，烟尘、悬浮颗粒物增加了太阳辐射的吸收，进一步增加了城市的气温；此外，城市人口的增加势必需要更多的住宅建筑、道路交通、商业服务、工业生产等基础设施或建设用地，增加了大量的硬化地表覆盖，增加了地表热量的吸收，从而使气温升高。而当城市人口聚集到一定程度，人口增加引起其他因素的改变对气温的影响可能会超过人口本身的影响。

表 2.3 不同时期年平均气温与人口城市化指标的关系

人口	1987～2007 年		1987～2017 年	
	拟合方程	R^2	拟合方程	R^2
总人口	$y=0.01x+10.135$	0.716	$y=-8\times10^{-5}x^2+0.118x-27.90$	0.286
非农人口	$y=0.0108x+12.751$	0.732	$y=-7\times10^{-5}x^2+0.067x+1.245$	0.323
非农人口占比	$y=0.211x+4.9959$	0.619	$y=-0.012x^2+1.557x-31.75$	0.191

2.4.2 气温与经济城市化的关系

对所选的表征经济城市化的各经济指标与武汉市气温进行散点图分析,并进行回归分析,选择最优的拟合关系,得到 1987～2017 年经济城市化与气温的拟合方程,见表 2.4。从表 2.4 中可以看出,各经济城市化指标与不同季节平均气温均为非线性拟合关系,地区生产总值和第一产业产值与各季节平均气温均为多项式拟合关系;第二产业产值和第三产业产值除与春季平均气温表现为指数关系外,与其他季节平均气温均为多项式拟合关系。相对而言,经济城市化各指标与春季平均气温的拟合关系(R^2 为 0.152～0.228)优于其与其他季节平均气温的关系(R^2 为 0.056～0.180),说明经济城市化对春季气温的影响稍强。在经济城市化的 4 个指标中,第一产业产值与各季节平均气温的拟合程度优于与其他 3 个指标与相应季节平均气温的关系,因此第一产业产值的影响略强。

表 2.4 1987～2017 年不同季节气温与经济城市化指标的关系

季节	地区生产总值		第一产业产值		第二产业产值		第三产业产值	
	拟合方程	R^2	拟合方程	R^2	拟合方程	R^2	拟合方程	R^2
春季	$y=15.03x^{0.018}$	0.171	$y=-4\times10^{-5}x^2+0.019x+16.00$	0.228	$y=15.28x^{0.018}$	0.152	$y=15.31x^{0.017}$	0.198
夏季	$y=-1.6\times10^{-8}x^2+1.7\times10^{-4}x+27.87$	0.071	$y=-3\times10^{-5}x^2+0.010x+27.44$	0.113	$y=-9.9\times10^{-8}x^2+4.6\times10^{-4}x+27.83$	0.087	$y=-4.8\times10^{-8}x^2+2.5\times10^{-4}x+27.91$	0.056
秋季	$y=-1\times10^{-8}x^2+9\times10^{-5}x+18.30$	0.129	$y=-3\times10^{-5}x^2+0.008x+17.88$	0.180	$y=-7.6\times10^{-8}x^2+2.2\times10^{-4}x+18.41$	0.109	$y=-3.9\times10^{-8}x^2+1.1\times10^{-4}x+18.33$	0.113
冬季	$y=1.5\times10^{-8}x^2-2.5\times10^{-4}x+6.123$	0.096	$y=9\times10^{-7}x^2-0.002x+5.992$	0.096	$y=6.3\times10^{-8}x^2-5\times10^{-4}x+6.112$	0.097	$y=6.3\times10^{-8}x^2-5\times10^{-4}x+6.110$	0.098

对比经济城市化进程(图 2.2)和年平均气温变化趋势(图 2.7),发现 2007 年前,随着经济水平的提高,气温呈现上升趋势,而 2007 年后两者的关系明显变得复杂。因此,对 1987～2007 年和 1987～2017 年两个时期的各经济城市化指标与年平均气温的拟合关系分别进行模拟,见表 2.5,发现 20 年间的拟合关系(R^2 为 0.647～0.745)明显优于 30 年间的拟合关系(R^2 为 0.044～0.156),而第一产业产值在两个时期均比其他经济指标对

年平均气温的影响稍大。事实上，经济的增长本身并不对气温和环境产生影响，而是通过经济增长过程中相应的物质生产活动对周围环境产生间接的影响。地区生产总值和三大产业产值反映了武汉市的经济发展水平，经济的发展势必增加城市建设用地面积，使得城市地表更加硬质化，减少了城市下垫面的植被覆盖和含水量，改变了城市地表特征，增加了地表的热容量和热传导性。因此，当城市经济发展所引起的城市地表特征超过其本身对气温的影响时，经济城市化与气温的关系势必会被削弱。

表 2.5   不同时期年平均气温与经济城市化指标的关系

指标	1987～2007 年		1987～2017 年	
	拟合方程	R^2	拟合方程	R^2
地区生产总值	$y=0.0006x+16.698$	0.671	$y=-9\times10^{-9}x^2+8\times10^{-5}x+17.25$	0.063
第一产业产值	$y=0.017x+16.18$	0.745	$y=-2\times10^{-5}x^2+0.008x+16.83$	0.156
第二产业产值	$y=0.001x+16.69$	0.647	$y=-6\times10^{-8}x^2+2.6\times10^{-4}x+17.22$	0.09
第三产业产值	$y=0.001x+16.76$	0.660	$y=-2\times10^{-8}x^2+1\times10^{-4}x+17.28$	0.044

2.4.3   气温与空间城市化的关系

对所选的反映空间城市化的建成区面积及耕地面积与武汉市不同季节平均气温进行回归分析，得到 1987～2017 年相关最优拟合方程，见表 2.6。从表 2.6 中可以看出，总体上，建成区面积和耕地面积与 4 个季节的平均气温的关系均为非线性拟合方程，且拟合程度并不高，拟合方程的 R^2 分别为 0.053～0.145 和 0.046～0.378，说明建成区面积和耕地面积变化均不能很好地解释 30 年间各季节平均气温的变化。但相对而言，耕地面积与春季、夏季和秋季平均气温的拟合关系略优于建成区面积与对应季节气温的关系，而冬季则相反。

表 2.6   1987～2017 年不同季节气温与建成区面积、耕地面积的关系

季节	建成区面积		耕地面积	
	拟合方程	R^2	拟合方程	R^2
春季	$y=-2\times10^{-5}x^2+0.017x+14.58$	0.053	$y=-0.001x^2+0.789x-65.01$	0.378
夏季	$y=-2\times10^{-5}x^2+0.010x+26.52$	0.056	$y=-0.001x^2+0.552x-30.92$	0.148
秋季	$y=-1\times10^{-5}x^2+0.008x+17.37$	0.129	$y=-0.001x^2+0.821x-70.88$	0.154
冬季	$y=1\times10^{-5}x^2-0.013x+8.061$	0.145	$y=-0.001x^2+0.434x-41.75$	0.046

人均道路面积和固定资产投资总额一定程度上能反映城市建设和城市空间变化。同

上，对人均道路面积和固定资产投资与武汉市不同季节平均气温进行回归分析。得到 1987～2017 年其与气温的拟合方程，见表 2.7。人均道路面积与各季节平均气温均为多项式拟合关系，拟合方程 R^2 为 0.200～0.383；固定资产投资除与春季平均气温为指数拟合关系外，与其他季节气温均为多项式拟合关系。

表 2.7　1987～2017 年不同季节气温与城市建设的关系

季节	人均道路面积		固定资产投资	
	拟合方程	R^2	拟合方程	R^2
春季	$y=-0.040x^2+0.719x+14.88$	0.383	$y=15.62x^{0.014}$	0.167
夏季	$y=-0.029x^2+0.487x+26.56$	0.246	$y=-6\times10^{-8}x^2+3.7\times10^{-4}x+27.87$	0.124
秋季	$y=-0.036x^2+0.547x+16.94$	0.243	$y=-2\times10^{-8}x^2+4\times10^{-5}x+18.50$	0.102
冬季	$y=-0.029x^2+0.419x+4.718$	0.200	$y=4\times10^{-8}x^2-3.7\times10^{-4}x+6.065$	0.103

　　根据空间城市化进程（图 2.4 和图 2.5）和年平均气温变化趋势（图 2.7）的协同变化规律，对 1987～2007 年和 1987～2017 年两个时期空间城市化各指标与年平均气温的拟合关系分别进行模拟，拟合方程见表 2.8。结果表明，20 年间各空间城市化指标与年平均气温的拟合关系（R^2 为 0.517～0.635）均优于 30 年间的拟合关系（R^2 为 0.083～0.471）；但 1987～2007 年与气温拟合关系最好的空间城市化指标为耕地面积（R^2 为 0.635），而 1987～2017 年与气温拟合关系最好的指标则是人均道路面积（R^2 为 0.471）。空间城市化指标尤其是建成区面积、耕地面积及人均道路面积能直接反映城市建设程度和地表覆盖特征，从而直接影响城市地表温度和气温的变化。1987～2007 年，武汉市社会发展和城市建设相对平稳，因此武汉市建设范围较为集中，农用地覆盖范围较广，成为最主要的地表覆盖或基质类型，耕地面积的变化更能影响年平均气温的波动；2007～2017 年，城市发展和社会经济均呈现加速模式，道路交通的触角基本已延伸至武汉市域，且前 20 年间其对气温的影响一直较为明显，因此在整个研究期间，人均道路面积与年平均气温的关系更为紧密。

表 2.8　不同时期年平均气温与空间城市化的关系

指标	1987～2007 年		1987～2017 年	
	拟合方程	R^2	拟合方程	R^2
建成区面积	$y=0.040x+9.105$	0.517	$y=-9\times10^{-6}x^2+0.005x+16.58$	0.095
耕地面积	$y=-0.043x+27.14$	0.635	$y=-0.001x^2+0.58x-44.59$	0.294
人均道路面积	$y=0.178x+16.51$	0.520	$y=-0.030x^2+0.497x+15.85$	0.471
固定资产投资总额	$y=0.001x+16.83$	0.604	$y=-2.5\times10^{-8}x^2+1.2\times10^{-4}x+17.29$	0.083

2.4.4 气温与生活方式城市化的关系

随着城市人口的集中、经济的发展及建设用地的增加，城市居民的生活方式和生活水平最终也会发生相应的变化，也就是生活方式的城市化，生活方式本身难以定量，但是可以通过相关指标进行量化，本章参照前人的研究，选择与气温变化紧密相关的年末机动车拥有量，对 1987～2017 年年末机动车拥有量与各季节平均气温之间的散点图进行关系拟合，见表 2.9。结果发现，年末机动车拥有量与武汉市各季节平均气温均为多项式拟合关系，且拟合程度均较低（R^2 为 0.055～0.157）。主要原因在于武汉市气温由整个市域范围的气象站点测得，而研究期内机动车主要集中于城市中心城区，两套数据空间上无法保证一致；而不同的季节，受到气温记录和季节性主导因素的影响，机动车对气温的影响被其他因素平抑。

表 2.9　1987～2017 年不同季节气温与年末机动车拥有量的关系

季节	年末机动车拥有量	
	拟合方程	R^2
春季	$y=-8\times10^{-5}x^2+0.020x+16.51$	0.157
夏季	$y=-5\times10^{-5}x^2+0.011x+27.71$	0.090
秋季	$y=-4\times10^{-5}x^2+0.005x+18.31$	0.083
冬季	$y=3\times10^{-5}x^2-0.010x+6.112$	0.055

同上，将 1987～2007 年和 1987～2017 年两个时期的年末机动车拥有量与年平均气温的关系进行拟合，拟合方程见表 2.10。20 年间和 30 年间其与年平均气温的拟合关系较为接近，R^2 分别为 0.645 和 0.666，说明年末机动车拥有量对年平均气温的影响较为稳定；与表 2.9 相比，年末机动车拥有量对年平均气温的影响明显比其对各季节平均气温的影响大，各季节气温的主导因素各异，而年平均气温部分消除了季节间的气温差异。年末机动车拥有量尤其是汽车拥有量则从一个侧面反映了城市居民经济水平和购买消费能力，但是大量的汽车尾气已经超过了大气的自净能力，已成为重要的大气污染源。而机动车对大气增温的作用一方面是因为城市机动车拥有量的持续增加必然引起大量能源消耗和剩余热量的排放，而机动车近地面排放尾气，在高楼林立的街道环境中不易扩散，直接形成大气污染和热污染；同时机动车尾气中的 CO_2 和 SO_2 浓度的增加形成温室效应，并且破坏大气的保护层——臭氧层，让阳光直接照射到地球表面，加速地面升温。

表 2.10　不同时期年平均气温与年末机动车拥有量的关系

指标	1987～2007 年		1987～2017 年	
	拟合方程	R^2	拟合方程	R^2
年末机动车拥有量	$y=0.024x+16.59$	0.645	$y=-3\times10^{-5}x^2+0.006x+17.11$	0.666

2.5 城市化进程对气温的影响

从 2.4 节的分析可知，度量城市化的相关指标在 1987～2007 年能较好地解释武汉市年平均气温的变化，但是随着社会发展和城市化继续推进，各城市化进程评价指标对气温的单独解释力变弱。一方面，城市化对气温的影响可能转变为其他途径，如通过改变土地利用覆盖类型和下垫面特征、调整工业设施等热源布局等作用于热环境，使得其他表现形式的因素对气温的影响超过城市化指标本身；另一方面，所选指标能从不同角度、不同层面表征城市化进程，但大多数指标之间存在内在的关联，它们对气温的影响不是孤立的，而是共同的、综合的甚至相互影响的，需要综合考虑城市化进程评价指标与气温的关系，才能更科学地理解城市化进程对气温的影响。

2.5.1 各城市化进程评价指标与气温的相关性

考虑不同时期气温与各城市化进程评价指标的关系存在明显差别，对 1987～2007 年和 1987～2017 年各城市化进程评价指标与气温及各城市化进程评价指标之间的相关性进行分析。

表 2.11 为武汉市 1987～2007 年气温与各城市化进程评价指标的相关系数。从表 2.11 中可知，20 年间所选 12 个城市化进程评价指标与年平均气温和春季平均气温在 0.01 水平上均显著相关，且相关系数均较大，分别为 0.719～0.863 和 0.709～0.835；除耕地面积与其呈现显著负相关，对年平均气温和春季平均气温上升起到抑制作用外，其他指标均呈现显著正相关，对升温起到正向推动作用。但城市化指标与夏季平均气温大多数只在 0.05 水平上显著相关，只有总人口（X_1）、非农人口（X_2）、第一产业产值（X_5）及年末机动车拥有量（X_{12}）与夏季平均气温在 0.01 水平上表现出显著正相关。值得注意的是，基本上所有城市化进程评价指标与秋季和冬季平均气温的关系均不显著。

表 2.12 为武汉市 1987～2017 年气温与各城市化进程评价指标的相关系数。只有总人口（X_1）和耕地面积（X_9）与春季平均气温在 0.01 水平上显著相关，其他部分指标与冬季平均气温在 0.05 水平上显著相关；大多数指标与平均气温的关系并不显著，这与 1987～2007 年的结果差别明显。即使所选城市化进程评价指标相同，研究对象及范围也一致，城市建设和社会经济发展导致城市基质和环境条件的变化，相关指标对气温的影响方式和程度也会有所变化，并最终影响城市化对气温变化的解释力。

与城市化进程评价指标和平均气温的关系相比，各城市化进程评价指标之间的相关性更为紧密和稳定。无论是 1987～2007 年还是 1987～2017 年，表征城市化的各指标均在 0.01 的水平上显著相关，且相关系数较大。这也说明人口城市化、经济城市化、空间城市化和生活方式城市化的相关指标只是从不同角度、不同侧面对城市化进行界定和定量，各指标之间可能会存在信息、意义上的交叉和重复。因此城市化对平均气温的影响是一个复杂的过程，各城市化进程评价指标之间相互作用、相互影响，要厘清城市化进程对气温的影响，需要考虑各指标的综合作用，明确主要的作用指标及影响因素，探讨其影响机制。

表 2.11 武汉市 1987～2007 年气温与各城市化进程评价指标的相关系数

指标	年平均气温	春季平均气温	夏季平均气温	秋季平均气温	冬季平均气温	X_1	X_2	X_3	X_4	X_5	X_6	X_7	X_8	X_9	X_{10}	X_{11}	X_{12}
年平均气温	1																
春季平均气温	0.853**	1															
夏季平均气温	0.735**	0.688**	1														
秋季平均气温	0.683**	0.396	0.440	1													
冬季平均气温	0.478*	0.251	-0.144	0.226	1												
X_1	0.846**	0.833**	0.609**	0.443	0.386	1											
X_2	0.832**	0.825**	0.593**	0.438	0.370	0.990**	1										
X_3	0.787**	0.786**	0.548*	0.424	0.340	0.944**	0.980**	1									
X_4	0.813**	0.808**	0.565*	0.411	0.373	0.954**	0.982**	0.985**	1								
X_5	0.863**	0.835**	0.583**	0.466*	0.435	0.984**	0.979**	0.945**	0.948**	1							
X_6	0.805**	0.806**	0.562*	0.405	0.358	0.948**	0.978**	0.983**	0.999**	0.942**	1						
X_7	0.813**	0.804**	0.564*	0.410	0.378	0.953**	0.981**	0.985**	1.000**	0.944**	0.998**	1					
X_8	0.719**	0.750**	0.477*	0.349	0.358	0.956**	0.935**	0.872**	0.889**	0.921**	0.882**	0.889**	1				
X_9	-0.797**	-0.784**	-0.551*	-0.421	-0.413	-0.962**	-0.939**	-0.882**	-0.868**	-0.954**	-0.857**	-0.867**	-0.940**	1			
X_{10}	0.777**	0.775**	0.532*	0.384	0.359	0.913**	0.949**	0.962**	0.988**	0.912**	0.992**	0.985**	0.838**	-0.802**	1		
X_{11}	0.722**	0.709**	0.519*	0.368	0.362	0.930**	0.946**	0.932**	0.920**	0.897**	0.916**	0.921**	0.896**	-0.894**	0.887**	1	
X_{12}	0.803**	0.795**	0.579**	0.414	0.360	0.956**	0.980**	0.979**	0.973**	0.936**	0.966**	0.977**	0.908**	-0.909**	0.931**	0.947**	1

注：①** 在 0.01 水平（双侧）上显著相关；* 在 0.05 水平（双侧）上显著相关；后同。

②总人口 X_1，非农人口 X_2，非农人口占比 X_3，地区生产总值 X_4，第一产业产值 X_5，第二产业产值 X_6，第三产业产值 X_7，建成区面积 X_8，耕地面积 X_9，固定资产投资 X_{10}，人均道路面积 X_{11}，年末机动车拥有量 X_{12}；后同。

表 2.12 武汉市 1987~2017 年气温与各城市化进程评价指标的相关系数

指标	年平均气温	春季平均气温	夏季平均气温	秋季平均气温	冬季平均气温	X_1	X_2	X_3	X_4	X_5	X_6	X_7	X_8	X_9	X_{10}	X_{11}	X_{12}
年平均气温	1																
春季平均气温	0.804**	1															
夏季平均气温	0.680**	0.611**	1														
秋季平均气温	0.707**	0.427*	0.362	1													
冬季平均气温	0.555**	0.168	-0.046	0.334	1												
X_1	0.392	0.546**	0.435*	0.141	-0.056	1											
X_2	0.276	0.465*	0.393	0.059	-0.161	0.983**	1										
X_3	0.143	0.363	0.335	-0.027	-0.267	0.923**	0.978**	1									
X_4	-0.115	0.128	0.214	-0.204	-0.414*	0.777**	0.870**	0.936**	1								
X_5	-0.026	0.199	0.297	-0.150	-0.363	0.775**	0.858**	0.919**	0.975**	1							
X_6	-0.138	0.109	0.204	-0.218	-0.431*	0.755**	0.852**	0.925**	0.999**	0.975**	1						
X_7	-0.096	0.142	0.218	-0.192	-0.398*	0.797**	0.885**	0.946**	0.999**	0.969**	0.997**	1					
X_8	-0.243	0.010	0.081	-0.273	-0.468**	0.693**	0.785**	0.848**	0.943**	0.874**	0.941**	0.945**	1				
X_9	-0.390	-0.532**	-0.445*	-0.143	0.019	-0.955**	-0.935**	-0.882**	-0.751**	-0.794**	-0.732**	-0.764**	-0.626**	1			
X_{10}	-0.175	0.056	0.178	-0.245	-0.429*	0.729**	0.830**	0.905**	0.995**	0.962**	0.997**	0.993**	0.952**	-0.699**	1		
X_{11}	0.120	0.316	0.327	-0.051	-0.231	0.921**	0.964**	0.973**	0.912**	0.899**	0.900**	0.922**	0.824**	-0.895**	0.881**	1	
X_{12}	0.022	0.241	0.295	-0.115	-0.324	0.864**	0.935**	0.975**	0.979**	0.961**	0.972**	0.983**	0.891**	-0.848**	0.960**	0.961**	1

2.5.2 城市化进程对气温的综合影响

分别以年平均气温、春季平均气温、夏季平均气温、秋季平均气温和冬季平均气温为因变量，以总人口（X_1）、非农人口（X_2）、非农人口占比（X_3）、地区生产总值（X_4）、第一产业产值（X_5）、第二产业产值（X_6）、第三产业产值（X_7）、建成区面积（X_8）、耕地面积（X_9）、固定资产投资（X_{10}）、人均道路面积（X_{11}）和年末机动车拥有量（X_{12}）为自变量，进行多元线性回归分析（具体方法及过程见第 8 章）。

表 2.13 展示了 1987～2007 年气温与各城市化进程评价指标的线性回归方程，标化线性回归方程能直观显示各指标的影响权重，一般线性回归方程能反映相关指标的影响程度。总体上，所选指标共同作用能较好地解释年平均气温和春季平均气温的变化，对夏季平均气温和冬季平均气温的变化也有一定的影响，但对秋季平均气温的变化解释力较弱。具体来看，对年平均气温影响最大的城市化进程评价指标为第二产业产值，其次为非农人口占比、固定资产投资、第一产业产值、建成区面积和年末机动车拥有量。对春季平均气温影响最大的为第二产业产值，其影响力远超过其他指标；其次是固定资产投资、第三产业产值、非农人口占比、建成区面积和第一产业产值。对夏季气温影响最大的为第二产业产值，其次是固定资产投资、总人口、非农人口占比及建成区面积。对冬季气温有明显影响的是第三产业产值和第二产业产值，其他几个指标的影响力较弱。

表 2.13 1987～2007 年气温主成分回归方程

类别	方程类型	回归方程	R^2
年平均气温	标化线性回归	$Y=-2.462X_3+1.62X_5+4.021X_6-1.138X_8-2.186X_{10}+0.879X_{12}$	0.886
	一般线性回归	$Y=64.255-0.66X_3+0.033X_5+0.007X_6-0.064X_8-0.003X_{10}+0.026X_{12}$	
春季平均气温	标化线性回归	$Y=-2.179X_3+0.762X_5+12.515X_6-4.299X_7-0.792X_8-5.338X_{10}$	0.828
	一般线性回归	$Y=83.498-X_3+0.026X_5+0.038X_6-0.011X_7-0.076X_8-0.014X_{10}$	
夏季平均气温	标化线性回归	$Y=2.064X_1-1.973X_3+5.68X_6-1.746X_8-3.626X_{10}$	0.604
	一般线性回归	$Y=68.083+0.031X_1-0.679X_3+0.013X_6-0.126X_8-0.007X_{10}$	
秋季平均气温	标化线性回归	$Y=1.272X_1-0.867X_8$	0.261
	一般线性回归	$Y=16.844+0.028X_1-0.091X_8$	
冬季平均气温	标化线性回归	$Y=-4.429X_1-2.448X_3+2.902X_5-11.21X_6+15.906X_7-1.26X_9+1.43X_{11}-2.924X_{12}$	0.707
	一般线性回归	$Y=135.602-0.078X_1-0.984X_3+0.088X_5-0.03X_6+0.035X_7-0.103X_9+0.529X_{11}-0.132X_{12}$	

表 2.14 为 1987～2017 年气温与各城市化进程评价指标的线性回归方程，与 1987～2007 年相比，所选指标依然是对年平均气温和春季气温变化解释力较好，对夏季和冬季气温变化的解释力次之，对秋季气温变化的解释力不强，但总体上的解释力均有所下降。30年间，对年平均气温影响最大的是第三产业产值，年末机动车拥有量、总人口和非农人口的影响力相当，耕地面积和人均道路面积也有一定影响。对春季平均气温影响最大的是固

定资产投资，其次是第一产业产值、年末机动车拥有量、总人口、人均道路面积及耕地面积。夏季气温的主要影响因素依次为第三产业产值、固定资产投资、年末机动车拥有量、第一产业产值、总人口和耕地面积。对冬季平均气温影响最大的指标是第二产业产值，其他主要指标为第三产业产值、固定资产投资、第一产业产值和建成区面积。

表 2.14 1987～2017 年气温主成分回归方程

类别	方程类型	回归方程	R^2
年平均气温	标化线性回归	$Y=2.502X_1+2.27X_2-5.142X_7+1.388X_9-1.027X_{11}+2.865X_{12}$	0.777
	一般线性回归	$Y=-17.876+0.026X_1+0.017X_5-0.002X_7+0.071X_9-0.173X_{11}+0.041X_{12}$	
春季平均气温	标化线性回归	$Y=1.811X_1+1.988X_5+X_9-3.243X_{10}-1.205X_{11}+1.913X_{12}$	0.679
	一般线性回归	$Y=-24.773+0.031X_1+0.025X_5+0.084X_9-0.002X_{10}-0.333X_{11}+0.045X_{12}$	
夏季平均气温	标化线性回归	$Y=2.49X_1+2.654X_5-9.914X_7+1.992X_9+3.833X_{10}+3.349X_{12}$	0.499
	一般线性回归	$Y=-26.024+0.032X_1+0.029X_5-0.007X_7+0.13X_9+0.002X_{10}+0.068X_{12}$	
秋季平均气温	标化线性回归	$Y=0.904X_1-0.883X_7$	0.282
	一般线性回归	$Y=6.934+0.017X_1-0.001X_7$	
冬季平均气温	标化线性回归	$Y=1.434X_5-7.714X_6+3.428X_7-0.699X_8+3.403X_{10}$	0.438
	一般线性回归	$Y=6.472+0.032X_5-0.01X_6+0.004X_7-0.007X_8+0.003X_{10}$	

2.6 本 章 小 结

本章以《武汉统计年鉴》（1988～2018 年）记录的相关资料为数据源，对 1987～2017 年武汉市年平均气温、春季平均气温、夏季平均气温、秋季平均气温和冬季平均气温进行整理，选择总人口、非农人口、非农人口占比、地区生产总值、第一产业产值、第二产业产值、第三产业产值、建成区面积、耕地面积、固定资产投资、人均道路面积和年末机动车拥有量 12 个指标从人口、经济、空间和生活方式等角度定量表征城市化进程，分析了武汉市城市化进程及气温变化趋势；利用统计分析方法，定量分析各城市化进程评价指标与气温的关系，探讨武汉市城市化进程对气温变化的影响。

1987～2017 年，武汉市人口、经济和城市空间增长迅速，居民生活水平有了显著改善。前 20 年城市化速度较为稳定，城市建设和社会经济平稳增长，到最近 10 年（2007～2017 年），城市建设速度明显加快，城市化进程迅速推进。而与此同时，1987～2007 年，武汉市年平均气温和各季节平均气温总体上呈现上升趋势，到 2007～2017 年，年平均气温开始下降，与城市建设和扩张的趋势并不一致。因此，1987～2007 年，武汉市气温与研究所选的各城市化进程评价指标呈现较强的线性拟合关系，随着城市化的推进，拟合关系总体上变为多项式函数，各指标对气温的解释力度减弱，气温变化的影响因素变得复杂。

各城市化进程评价指标与气温的相关性分析结果表明，1987~2007年，所有指标与气温均在 0.01 水平上显著相关，且相关系数均较大；1987~2017 年，绝大部分城市化进程评价指标与气温皆不显著相关。但在两个研究时期内各城市化进程评价指标之间均显著相关，说明各指标在表征城市化进程时，存在严重的信息交叉或重叠。对气温和各指标进行多元线性回归分析，发现所选城市化进程评价指标共同作用时能较好地解释年平均气温和春季平均气温的变化，对夏季平均气温和冬季平均气温的变化次之，但对秋季平均气温的变化解释力度较弱。且影响不同季节气温的主要指标各不相同，但总体上能够体现武汉市整体社会经济状况的指标，对气温的影响较大。

总之，各城市化进程评价指标对气温的影响表现为先强后弱，这并非是城市化对热岛效应的影响变弱，而是所选各指标对气温变化的解释能力变弱。因为随着城市化进程的推进，武汉市内部热环境变得越来越复杂，其他影响因素对温度的影响超过了城市化进程评价指标对温度的影响。一方面，研究所用气温数据来自气象站点的平均值，而气象站点的记录值受到布点、数量及小气候影响，不能反映武汉市的真实气温；另一方面，所选指标所对应的空间范围和覆盖对象明显不同，比如建成区面积和人均道路面积主要对应建设空间，而耕地面积主要对应郊区或自然覆盖范围，当武汉市基质发生变化时，就会影响其对气温变化的解释。

因此，需要进一步提高温度变化的时空精度，精细刻画城市地表温度或者热岛效应的时空演变特征，明确研究范围内部热量分布特征的影响因素，探讨其对城市热岛效应或地表温度变化的影响机制。

第3章　武汉市热环境状况时空演变特征

城市热岛效应的时间变化特征多采用两种数据源进行研究：①利用长时期记录的气象站点数据研究城市热岛在时间序列上的变化；②利用不同时相的遥感影像对比分析城市热岛范围和热岛强度的变化。相关研究证实，城市温度和城市热岛效应在时间上都呈现一定的变化规律，即随着城市化的推进，绝大多数城市在时间序列上都存在着升温的趋势，而且城区气温年升温幅度明显大于郊区，热岛强度的年变化与城市建设和城市化的进程相一致。季节性变化则表现为秋冬季强而夏季弱，但夏季热岛现象持续时间长，其他季节热岛效应则表现为快速形成又快速消失的特征；在晴朗无风、云量很少的天气下，热岛强度日变化为夜晚强、白昼和午间弱。但是城市热岛强度不仅仅具有变化的周期性，也具有明显的非周期性。影响其非周期性变化的因素有很多，主要有当时的云量、风速、天气条件及低空气温的直减率等；天气形势越稳定，如风速越小，云量越少的时候，低空气温直减率也越小，热岛强度也就越小甚至不存在，反之，热岛强度就越大（彭少麟 等，2005）。但是也有研究（陈业国和农孟松，2009）得出相反的结论，发现风速小、相对湿度小的时候，热岛效应越强。

热岛强度在空间层次上则表现为水平方向和垂直方向的格局与分布特征。部分学者利用城市地面气象站观测数据分析城市气温的空间分布，但是由于研究受到所在城市气象站点数量、布局、小气候等的影响较大，研究结果差异较大。目前国内外对于地表温度和城市热岛范围的水平空间分布特征的研究最为广泛的是应用遥感方法，基本上所有被研究的城市都存在不同程度的热岛效应（Deilamia et al.，2018；Ward et al.，2016），其热岛强度在水平方向的分布主要与城市地表的下垫面性质、城市土地覆盖特征相关，在人口密集、建筑物密度大、工业商业集中的城市建成区热岛强度较大，而在透水性好、植被覆盖好的郊区和农田热岛效应较弱。在垂直方向上，热岛的空间分布因高度不同也表现出不同的变化特征，城郊之间的差别在白天表现得并不明显，而在夜晚差别则较大，热岛强度的差别会随着高度的升高呈现下降的趋势，到达一定的高度后则出现"交叉"的现象。而对于这种城市热岛的时空分布特征的研究，则存在微尺度、中尺度和大尺度的差别（姚远 等，2018；余兆武 等，2015）。

城市热岛效应在时间和空间上存在着一定的变化规律和演变特征，而地表温度能有效反映地表的土壤含水量和覆盖特征，是研究城市热辐射和能量平衡的重要指标，在人类和环境的相互作用关系中起着举足轻重的作用。准确而快速地模拟或测定城市地表温度的空间分布和时间演变，对反映一个城市的气候、生态环境变化、城市形态、国民经济等都有重要的影响。但城市热岛效应受人为因素和局地气象条件共同影响，对具有不同规模和不同土地利用特征的城市而言，城市热岛效应的差异也有所不同，因为每个城市所处的地理位置、气候条件、人口规模、人为热和大气污染水平各不相同，热岛效应变化模式多种多样（Giridharana and Emmanuel，2018；Gago et al.，2013）。即使对同一个城市，由于自然气候变化和人类活动的双重影响，随着社会经济、城市建设的推进，城市化程度、下垫面状况、城市几何形态、建筑高度及密度、城市粗糙度等因素的变化会直接或间接影响城市内部的能量平衡，也会影响气象要素变化对城市作用的空间差异，从而使城市热岛效应呈现时间序列和空间结构上的差异。武汉市由于夏季湿热的气候特征，热岛效应十分突出；且近年来武汉市城市扩张明显，城市建设加快，热岛效应有越演越烈之势，探明武汉市热岛效应的时空演变规律是明确城市热岛效应成因、制订热岛效应缓解策略的基础。

3.1　研究方法

本章拟对近 30 年内武汉市地表温度的时空分布格局及其演变特征进行分析，基于数据可获得性和影像质量等因素，尽量选择获取的时间间隔接近、云量低、成像质量高的遥感影像。最终从地理空间数据云中选取覆盖武汉市行政区域的 1987 年 9 月 26 日、1996 年 10 月 4 日、2007 年 4 月 10 日 Landsat 5 影像及 2016 年 7 月 23 日 Landsat 8 影像，进行地表温度（land surface temperature，LST）遥感反演，获得武汉市相应年份的地表温度空间分布；基于平均温度和标准差将地表温度划分对应的级别，探讨相对热岛效应的时空演变特征；并采用正规化温度数据的方法，使 4 个时期的温度数据具有可比性，分析武汉市近 30 年城市热岛范围和强度的时间演变，为后续章节中城市热岛的影响因素及机制探讨提供基础。

3.1.1　地表温度遥感反演

近年来，应用热红外遥感资料进行城市地表温度监测和城市热岛研究，被越来越多的学者所接受和采用，地表温度遥感反演方法也越来越多。其中单窗算法（mono-window algorithm）、分裂窗算法（split windows algorithm）、热惯量方法（thermal inertial method）、单通道算法（single channel algorithm）、温度和比辐射率分离算法（separate temperature and emissivity method）等是目前地表温度反演比较成熟的算法。本章所用到的遥感影像来自不同的数据源，Landsat 5 只有一个热红外波段 Band 6；Landsat 8 有 TIRS 10 和 TIRS 11 两个热红外波段，但目前 TIRS11 的定标参数不稳定，因此 4 幅遥感影像均选择单通道算法来进行地表温度遥感反演。

1. 大气校正

TM 影像如果用于土地利用或土地覆盖类型的提取，由于该过程并不涉及像元数据的定量反演，只要其具有尺度一致性，大气校正与否对分类精度并无影响。但是由于使用遥感数据提取地表温度和提取植被指数时需要对每个像元值进行定量反演，去除大气中气溶胶、水汽及云的影响则具有非常重要的意义。因此在对影像数据进行地表温度定量反演前，首要问题就是要进行遥感影像的大气校正（Song et al.，2001）。

1）辐射定标

需要将 TM 各波段的数字量化值（digital number，DN）转换为辐射亮度（spectral

radiance），单位为 W/（$m^2 \cdot sr \cdot \mu m$），可以由式（3.1）实现（徐涵秋，2015；Chander and Markham，2003）：

$$L_{sat} = G_{ain} \times DN + Off_{set} \qquad (3.1)$$

式中：L_{sat} 为辐射亮度；G_{ain}、Off_{set} 为 TM 各波段的增益系数和偏移系数，值得注意的是定标参数在 2003 年 5 月 4 日之前和之后是不同的。

2）大气校正

辐射亮度值可通过下面的公式进行校正，转化为大气顶部反射率（徐涵秋，2015；Chavez，1996）：

$$\rho_{band} = \frac{\pi L_{sat} d^2}{E_0 \cos \theta} \qquad (3.2)$$

式中：ρ_{band} 为各波段经过大气校正后的大气顶部反射率；L_{sat} 为由式（3.1）推算的辐射亮度；d 为日地天文单位距离，通常情况下数值接近 1；E_0 为大气层顶部的太阳平均辐照度（Chavez，1996）；θ 为影像成像时的太阳天顶角，是太阳高度角的余角，其值可从头文件中获取。

2. 亮度温度计算

首先分别将 Landsat 5 和 Landsat 8 的热红外波段 Band 6 和 TIRS 10 的 DN 值通过式（3.1）转化为辐射亮度，再将辐射亮度转化为亮度温度（brightness temperature），可通过式（3.3）获得：

$$T_{sensor} = \frac{K_2}{\ln(1 + K_1 / L_{sat})} \qquad (3.3)$$

式中：T_{sensor} 为亮度温度，单位为 K；L_{sat} 为辐射亮度；K_1 和 K_2 为定标参数，对于 TM 5，$K_1 = 607.76$ W/($m^2 \cdot sr \cdot \mu m$)，$K_2 = 1\,260.56$ K（Chanderet and Markham，2003）；对于 Landsat 8 的 TIRS 10 而言，$K_1 = 1\,260.56$ W/（$m^2 \cdot sr \cdot \mu m$），$K_2 = 1\,321.08$ K（徐秋涵，2015）。亮度温度是在假定地物为黑体的前提下探测地表的辐射亮度获得的地表温度，即假定地表比辐射率为 1，并没用考虑地表特征的异质性，因此必须对亮度温度进行地表比辐射率的校正才能求出真实的地表温度。

3. 地表比辐射率的校正

对于某一波长来说，比辐射率的定义是指在相同的温度下，所观测的物体的辐射能量与黑体辐射能量之比，它随观测物体的介电常数、波长、温度、表面粗糙度及观测方向等不同的条件而变化，一般介于 0～1。对于 Landsat TM/ETM+ 影像，计算地表比辐射率的方法有很多，但是应用较为广泛的主要有两种：一种是根据不同土地利用或土地覆盖类型按照比辐射率分类表赋予不同的比辐射率，这种方法要求对研究区内不同的土地利用类型的地表比辐射率进行测量，难度较大；另一种是基于地表比辐射率与归一化植被指数（normalized difference vegetation index，NDVI）的经验公式（Van De Griend and Owe，1993），通过 NDVI 阈值法确定不同环境基质下不同土地覆盖类型的地表比辐射率（Sobrino et al.，2004），该方法计算相对简便，应用也较为广泛，本章就采用这种方法确定不同土地利用类型的地表比辐射率。

1）NDVI 计算

NDVI 经常被用于土地覆盖监测或生态环境演变与植被之间的研究，能有效地表征植被覆盖的绿量、密度及植被的健康状况，是土地/植被覆盖的重要指标。对于 TM 影像，NDVI 可由式（3.4）获得：

$$\text{NDVI} = \frac{\rho(\text{band}_{\text{NIR}}) - \rho(\text{band}_{\text{R}})}{\rho(\text{band}_{\text{NIR}}) + \rho(\text{band}_{\text{R}})} \qquad (3.4)$$

式中：$\rho(\text{band}_{\text{NIR}})$ 和 $\rho(\text{band}_{\text{R}})$ 分别为经过大气校正后的近红外波段和红光波段的大气顶部反射率，可由式（3.2）计算得到。

2）地表比辐射率计算

根据 Van 的比辐射率经验公式，研究区自然地表的比辐射率可以通过与 NDVI 之间的相关关系得到

$$\varepsilon = 1.009\,4 + 0.047\ln(\text{NDVI}) \qquad (3.5)$$

值得注意的是 Van 的经验公式是在自然地表上进行总结的，NDVI 阈值必须在 0.157～0.727，否则这个公式就不再适用。本研究区为整个武汉市市域，NDVI 变化范围较大，其中水体的 NDVI 均为负值，而城市建成区 NDVI 接近 0，不适用这个公式，因此综合 Sobrino 等的研究，将研究区土地覆盖进行简单分类（具体方法见 6.1.2 节），然后按照 NDVI 进行比辐射率的校正。对于 Landsat 5 的 Band 6 和 Landsat 8 的 TIRS 10，土地覆盖为水体时，比辐射率赋值分别为 0.992 5 和 0.990 8，地表为建成区或者裸地时赋值分别为 0.923 和 0.921 2，地表为森林或全植被覆盖时比辐射率赋值分别为 0.994 和 0.981 6（Jiménez-Muñoz et al.，2014；Sobrino et al.，2004），其他自然地表比辐射率则按照式（3.5）计算。

4. 地表温度计算

在已获得像元亮度温度 T_{sensor} 和地表比辐射率 ε 的基础上进行以下计算。

（1）对于 Landsat 5 影像数据，利用以下公式反演。

地表温度可由以下公式获取（Artis and Carnahan，1982）：

$$\text{LST} = \frac{T_{\text{sensor}}}{1 + (\lambda \times T_{\text{sensor}} / \rho)\ln\varepsilon} \qquad (3.6)$$

式中：λ 为有效波谱范围内的最大灵敏度，平均 $\lambda = 11.5\ \mu\text{m}$；$\rho = 1.438 \times 10^{-2}\ \text{mK}$。

（2）对于 Landsat 8 影像数据，利用以下公式反演：

$$\text{LST} = \gamma[(\varphi_1 \cdot T_{\text{sensor}} + \varphi_2) / \varepsilon + \varphi_3] + \delta \qquad (3.7)$$

$$\gamma \approx T_{\text{sensor}}^2 / (b_r \cdot L_{\text{sat}}), \quad \delta \approx T_{\text{sensor}} - T_{\text{sensor}}^2 / b_r \qquad (3.8)$$

式中：L_{sat} 和 T_{sensor} 分别为式（3.1）和式（3.3）求得的辐射亮度和亮度温度；$b_r = 1\,324\ \text{K}$；φ_1，φ_2，φ_3 可通过与大气水汽含量的关系来确定（徐秋涵，2015；Jiménez-Muñoz，2014）。

3.1.2 热环境状况变化

研究采用的数据是不同季节的多时相影像，并不具备可比性，为了去除环境、天气及季节的差异，对遥感反演的地表温度进行正规化处理，方法如下：

$$\text{NDLST} = (t - t_{\min}) / (t_{\max} - t_{\min}) \quad\quad\quad (3.9)$$

式中：NDLST 为像元正规化后的地表温度（normalized difference land surface temperature）；t 为像元的地表温度值；$t_{\min}$ 和 $t_{\max}$ 分别为标准化之前研究区的地表温度最小值和最大值。标准化后的地表温度值 NDLST 的变化范围为 0～1，0 表示地表最低温度，1 表示地表最高温度。

不同时期正规化后的地表温度在空间上具有了可比性，为了使武汉市地表温度在不同时期的空间变化特点更为直观，将正规化后的地表温度影像进行差值运算，并生成相应的差值影像图。

$$\text{NDLST}_{\text{var}} = \text{NDLST}_{\text{y2}} - \text{NDLST}_{\text{y1}} \quad\quad\quad (3.10)$$

式中：$\text{NDLST}_{\text{var}}$ 为一段时期内像元 NDLST 的差值；NDLST_{y2} 和 NDLST_{y1} 分别为相应时期末和时期初像元的 NDLST 值。$\text{NDLST}_{\text{var}}$ 的变化范围为-1～1。

将不同研究时期首尾年份基于像元 NDLST 的差值 $\text{NDLST}_{\text{var}}$ 设定一定的阈值，将其划分为不同的变化级别（张兆明 等，2006），见表 3.1。

表 3.1 热环境状况变化分级

级别	NDLST 差值阈值	热环境状况
I	$\text{NDLST}_{\text{var}} \leqslant -0.3$	热环境状况改良最显著
II	$-0.3 < \text{NDLST}_{\text{var}} \leqslant -0.1$	热环境状况改良较显著
III	$-0.1 < \text{NDLST}_{\text{var}} \leqslant 0.1$	基本无变化
IV	$0.1 < \text{NDLST}_{\text{var}} \leqslant 0.3$	热环境状况恶化较显著
V	$\text{NDLST}_{\text{var}} > 0.3$	热环境状况恶化最显著

3.1.3 热岛等级划分

为更好地刻画城市热岛的时空演变特征，分析地表温度数据的统计特征，基于研究区正规化地表温度 T_0（NDLST）及其标准差（standard deviation，SD），采用密度分割法对武汉市热环境进行等级划分（谢启姣 等，2016；Weng，2003）（表 3.2）。

表 3.2 研究区地表温度等级划分标准

温度等级	温度范围
低温区	$t \leqslant T_0 - \text{SD}$
次低温区	$T_0 - \text{SD} < t \leqslant T_0 - 0.5\text{SD}$
中温区	$T_0 - 0.5\text{SD} < t \leqslant T_0 + 0.5\text{SD}$
次高温区	$T_0 + 0.5\text{SD} < t \leqslant T_0 + \text{SD}$
高温区	$t > T_0 + \text{SD}$

$$T = T_0 \pm X \cdot \text{SD} \tag{3.11}$$

式中：T 为根据平均 NDLST 值和标准差计算出来的温度阈值；T_0 为研究区平均 NDLST 值；SD 为研究区 NDLST 的标准差；X 为标准差的倍数，本章设为 0.5 和 1.0。

3.1.4　热岛时空演变

基于上述地表温度划分的等级（即低温区、次低温区、中温区、次高温区和高温区），在 ArcGIS 中利用栅格计算器工具进行不同地表温度等级转移矩阵分析，得到相应研究子时期地表温度等级的转移数量、幅度和方向，明确不同时期相对热岛的时空演变特征。分别对 1987～1996 年、1996～2007 年、2007～2016 年及 1987～2016 年不同时间段的地表温度等级进行转移矩阵分析，其数学模型如下：

$$S_{ij} = \begin{bmatrix} S_{11} & S_{12} & S_{13} & \cdots & S_{1n} \\ S_{21} & S_{22} & S_{23} & \cdots & S_{2n} \\ S_{31} & S_{32} & S_{33} & \cdots & S_{3n} \\ \vdots & \vdots & \vdots & & \vdots \\ S_{n1} & S_{n2} & S_{n3} & \cdots & S_{nn} \end{bmatrix} \tag{3.12}$$

式中：S 为面积；n 为热岛等级数；i、j 分别为某一研究时期首尾年份的地表温度等级类型。第一行代表由第一级地表温度等级转为其他地表温度等级的面积，第一列代表由其他地表温度等级转为第一级地表温度等级的面积，其余行列的含义以此类推。

3.2　武汉市地表温度空间分布特征

图 3.1 为经过遥感反演的不同研究年份武汉市地表温度空间分布图。该图是按照相应年份研究区平均地表温度及其标准差进行显示，因此能较为直观地表现武汉市相应时间地表温度的相对高低。总体上，4 个时期地表温度的空间格局呈现一定的分布规律：高温区大多集中分布于相应时期的武汉市建成区，或者呈现网状分布于各主要城市干道和铁路沿线，其中武钢工业区均被极高温覆盖；而以长江、汉江和大型湖泊为主的水体则呈现明显的低温效应，远离中心城区的近郊或者郊区的大型绿地或自然山体多被低温或次低温覆盖。尽管地表温度空间分布总体上呈现出一定的规律性，但 4 个时期地表温度呈现出不同的空间分布格局，1987 年[图 3.1（a）]和 1996 年[图 3.1（b）]呈现出相似的空间分布格局：高温区主要成片集中分布于武汉市的建成区，在周围大面积自然地表所呈现的较低温的衬托下，形成明显的城市热岛效应。而 2007 年[图 3.1（c）]和 2016 年[图 3.1（d）]地表温度则呈现出较为一致的空间格局：高温区除中心城区为主要的"热岛"外，已明显向周边郊区蔓延，形成多个小型"热点"区域，且总体基质呈现中-次高-高温模式，只有长江、汉江、东湖、涨渡湖等大型水体呈现出明显的低温。对比不同年份地表温度的空间分布格局，从 1987 年到 1996 年、2007 年，再到 2016 年，高温覆

盖范围不断扩张，低温区明显减少。

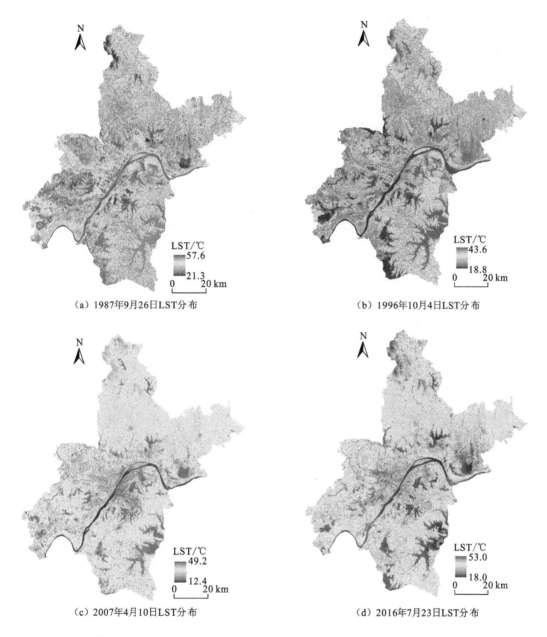

（a）1987年9月26日LST分布　　　　（b）1996年10月4日LST分布

（c）2007年4月10日LST分布　　　　（d）2016年7月23日LST分布

图 3.1　武汉市 1987 年、1996 年、2007 年和 2016 年地表温度空间分布

为更直观地了解各研究时期地表温度变化情况，对不同年份地表温度的平均值、标准差、最大值和最小值进行统计（表 3.3）。1987 年、1996 年、2007 年和 2016 年最高温分别为 57.62 ℃、43.61 ℃、49.18 ℃和 52.99 ℃，最低温分别为 21.29 ℃、18.81 ℃、12.35 ℃和 17.86 ℃，虽然由于年份、季节、日期及研究日当日气象、云层等方面的差异，4 个研究年份的最高温、最低温及温度范围差异较大，但结合图 3.1 可知，4 个年份的最高温均出现在武钢工业区，因其为典型的建设用地性质，且生产过程中产生大量的工业废热，

地表温度明显高于周围地区。最低温则出现在远离两岸的长江中心水面：一方面，因水体比热较大且长江为流动水体，升温较慢；另一方面，长江形成明显的通风廊道，有利于热量的交换。地表温度的标准差能较好地反映区域内地表温度的变化情况，4 个年份的标准差分别为 4.71 ℃、2.51 ℃、3.69 ℃和 3.57 ℃；对应年份武汉市市域地表温度的最高温与最低温差值为 24.80 ℃～36.83 ℃，具体看，除 1996 年地表温度变化幅度为 24.80 ℃外，其他三个研究年份均为 36 ℃左右。这些结果可以证实武汉市内部地表温度分布的空间复杂性，一定程度上说明了城市热岛效应的存在，因此探讨地表温度时空演变的影响因素及城市热岛效应的驱动机制十分必要。

表 3.3　不同年份地表温度统计　　　　　　　　　　　　（单位：℃）

年份	平均值	标准差	最小值	最大值	变化幅度
1987	39.55	4.71	21.29	57.62	36.33
1996	23.88	2.51	18.81	43.61	24.80
2007	22.56	3.69	12.35	49.18	36.83
2016	30.20	3.57	17.86	52.99	35.13

3.3　武汉市热环境状况动态变化

从 3.2 节分析可知，由于影像获取日季节、气象及其他条件的影响，不同研究年份的地表温度差异较大，为使不同时期的温度分布和热岛特征具有可比性，对相应年份的地表温度进行正规化处理。图 3.2 为不同时期正规化地表温度的差值影像图，能形象直观地反映出相应时期地表热环境状况的时空变化特征。差值影像取值范围为 -1～1，数值为负，表示地表热环境状况出现改善，且绝对值越大，改善程度越大；数值为正，表示地表热环境状况呈现恶化，数值越大，热环境恶化程度越显著。从图 3.2（a）中可以看出，1987～1996 年，热环境恶化区域主要分布于城市建成区西南外围和城市东南角，而水域、大型林地和农田等区域由于地表覆被特征变化不大，热环境没有发生明显恶化甚至趋于改良。1996～2007 年[图 3.2（b）]，武汉市地表热环境总体呈现恶化状况，仅在城市西部和西南部耕地区存在一定程度的改良态势；值得注意的是，涨渡湖等水体和西北山脉林地等自然地表表现为红色，部分原因是水体周围消落带地表覆盖的季节性变化。与 1996～2007 年相比，2007～2016 年[图 3.2（c）]的城市恶化区域范围进一步向外扩展直至城市西南边缘地带，除水体、耕地等区域的热环境改善外，江汉、汉阳、武昌等长江沿岸的内城地区也出现了较为显著的热环境改良态势。总体而言，1987～2016 年的 29 年间[图 3.2（d）]，武汉市经历了持续的热环境恶化过程，这一过程在 1996～2007 年发展最为迅速，这与武汉市的城市化进程一致；此外，通过研读不同时期的差值影像图，也可以发现武汉市热环境恶化主要方向是西和西南，这也与城市规划中城市建设的方向一致，但城市发展与地表温度的关系及城市化对城市热岛效应的驱动机制有待进一步探讨。

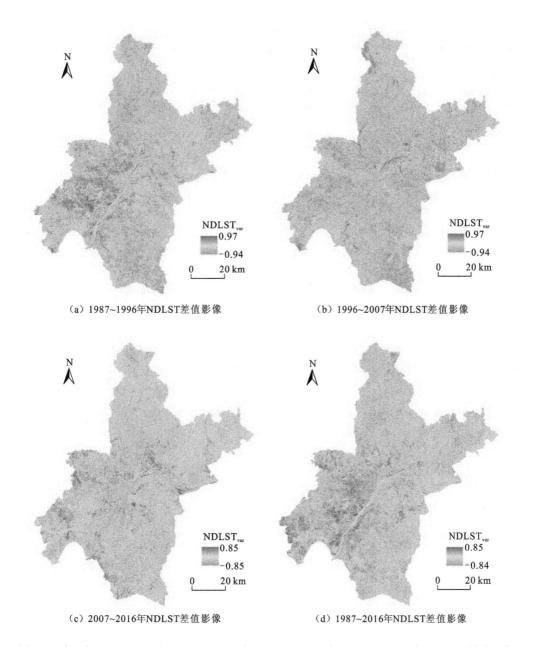

（a）1987~1996年NDLST差值影像

（b）1996~2007年NDLST差值影像

（c）2007~2016年NDLST差值影像

（d）1987~2016年NDLST差值影像

图 3.2　武汉市 1987～1996 年、1996～2007 年、2007～2016 年和 1987～2016 年 NDLST 差值影像

　　为进一步探查城市热环境状况的变化特征，按照表 3.1 热环境状况变化的分级标准，对不同时期城市热环境变化状况进行面积统计。从表 3.4 中可以看出，1987～2016 年，表示热环境状况恶化的 IV 级和 V 级覆盖面积占总面积的 34.1%，明显超过表征热环境状况改善的 I 级和 II 级区域占比 20.5%，总体上，武汉市热环境状况呈现恶化趋势。但不同研究子时期的热环境恶化态势明显不同，1987～1996 年、1996～2007 年和 2007～2016 年代表热状况恶化的 IV 级和 V 级区域面积分别占总面积的 20.4%、49.9%和 45.7%，而 I 级和 II 级区域面积则分别占 17.6%、1.3%和 3.9%。1996～2007 年，由于城市发展快速推进，城市热环境状况改变加速，对应热环境恶化最为明显。

表 3.4　不同时期武汉市热环境变化状况统计

热环境状况	1987~2016 年		1987~1996 年		1996~2007 年		2007~2016 年	
	面积/km²	占比/%	面积/km²	占比/%	面积/km²	占比/%	面积/km²	占比/%
I	190.2	2.2	126.7	1.5	7.6	0.1	28.7	0.3
II	1 576.2	18.3	1 377.3	16.1	106.0	1.2	311.3	3.6
III	3 894.4	45.4	5 323.0	62.0	4 186.5	48.8	4 317.8	50.4
IV	2 421.0	28.2	1 579.2	18.4	4 074.4	47.5	3 581.6	41.7
V	510.0	5.9	171.5	2.0	205.7	2.4	343.4	4.0

3.4　武汉城市热岛效应时空演变

详细刻画城市热岛效应的时空演变特征，是探讨城市热岛效应形成和发展的重要数据基础，也是热岛效应缓解措施提出及实施的重要依据。按照表 3.2 的界定标准，将反演的地表温度按照密度分割法划分为低温、次低温、中温、次高温和高温 5 个温度等级，得到武汉市地表温度等级分布图，将次高温和高温覆盖区域界定为相对热岛区，它能较好地体现武汉市城市热岛效应的空间分布特征。

3.4.1　不同研究年份城市热岛空间分布

总体来看，4 个时期的城市热场呈现出相似的空间规律：建筑密度大、人口密集的城市中心建成区和工业区因其不透水下垫面比例高且生产、生活性废热排放量大，呈现出明显的热岛效应；而长江、汉江、梁子湖、汤逊湖等大型城市水体和西北方向郊区大型山体因自然地表覆盖率高、人为废热较少，呈现出明显"冷岛或冷廊"效应。但不同年份的热岛空间格局并不完全一致。1987 年[图 3.3（a）]热岛区域主要分布在二环线内的江岸区、江汉区、武昌区、汉阳区的建成区和青山的武钢工业区，沿长江和汉江两岸呈现线状和集中片状分布格局；1996 年[图 3.3（b）]热岛区域仍集中于建成区，但覆盖范围明显扩大，主要沿着城市干道及对外交通向外扩张并逐渐连接成片；2007 年[图 3.3（c）]除原来集中的建成区热岛中心外，出现以江夏区、汉南区、东西湖区、东湖新技术开发区等新的城市开发区为主的多个小型热岛或热点区域，热岛分布范围蔓延至三环线，呈现出面状分布格局；2016 年[图 3.3（d）]热岛范围沿着汉江和主要交通干道进一步向城市西南方向扩张。

表 3.5 统计了不同时期各地表温度等级覆盖面积，一定程度上可体现武汉市热岛分布的格局特征。1987 年、1996 年、2007 年和 2016 年覆盖面积最大的均为中温区，占比分别为 26.8%、39.6%、44.4%和 39.7%；占比最小的均为高温区，分别为 9.5%、9.8%、

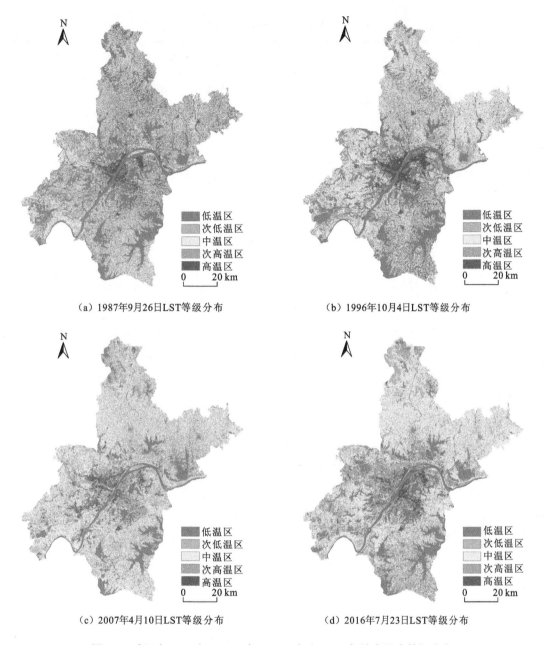

（a）1987年9月26日LST等级分布

（b）1996年10月4日LST等级分布

（c）2007年4月10日LST等级分布

（d）2016年7月23日LST等级分布

图3.3 武汉市1987年、1996年、2007年和2016年地表温度等级分布

4.6%和3.2%，但不同年份各温度级别的占比构成却不完全相同。除中温区外，4个年份其他地表温度等级占比最大的分别是次低温区（24.3%）、次高温区（18.7%）、次高温区（27.6%）和次高温区（29.8%）。城市热岛覆盖面积分别为2 258.7 km²、2 447.3 km²、2 753.6 km²和2 834.4 km²，占总面积的26.6%、28.5%、32.2%和33.0%，热岛覆盖占比不断增加；而对应年份的低温区面积分别为1 980.5 km²、1 526.0 km²、1 180.5 km²和926.4 km²，从1987年的22.3%到1996年的17.9%，到2007年的13.7%，再到2016年的10.8%，低温区占比逐渐缩小。

表 3.5 不同年份各地表温度等级覆盖面积统计

温度等级	1987 年		1996 年		2007 年		2016 年	
	面积/km²	占比/%	面积/km²	占比/%	面积/km²	占比/%	面积/km²	占比/%
低温区	1 908.5	22.3	1 526.0	17.9	1 180.5	13.7	926.4	10.8
次低温区	2 085.7	24.3	1 203.7	14.0	832.0	9.7	1 412.3	16.5
中温区	2 295.6	26.8	3 398.6	39.6	3 809.5	44.4	3 402.4	39.7
次高温区	1 467.8	17.1	1 604.5	18.7	2 362.9	27.6	2 556.1	29.8
高温区	817.9	9.5	842.8	9.8	390.7	4.6	278.3	3.2

表 3.6 对不同时段内各温度等级面积变化情况进行了统计。1987～2016 年，次高温区变化最大，面积增加了 1 088.3 km²，较原来增加了 74.1%；高温区、低温区和次低温区均呈现减少态势，面积分别减少了 539.6 km²（65.9%）、982.1 km²（51.4%）和 673.4 km²（32.3%）。具体来看，1987～1996 年，变化量最大的是中温区，增加了 1 103.0 km²；其次是次低温区和低温区，分别减少了 882.0 km² 和 382.5 km²；而次高温区和高温区增幅并不大，分别增加了 136.7 km² 和 24.9 km²，低温区、次低温区面积减少和高温区、次高温区面积增加是这一时期的主要特点。1996～2007 年，变化量最大的是次高温区，共增加了 758.4 km²；低温区和次低温区面积继续减少，共减少了 717.2 km²；这一时期高温区的减少（452.1 km²）部分原因是受到季节性差异的影响。2007～2016 年低温区和高温区面积均减少，分别减少了 254.1 km² 和 112.4 km²，而次低温区和次高温区面积则分别增加了 580.3 km² 和 193.2 km²，说明地表温度等级间的差异越来越小，武汉市地表温度受到基质的影响，空间差异被削弱。

表 3.6 不同时期各地表温度等级的面积变化

温度等级	1987～1996 年		1996～2007 年		2007～2016 年		1987～2016 年	
	变化量/km²	变化率/%	变化量/km²	变化率/%	变化量/km²	变化率/%	变化量/km²	变化率/%
低温区	−382.5	−20.0	−345.5	−22.6	−254.1	−21.5	−982.1	−51.4
次低温区	−882.0	−42.3	−371.7	−30.9	580.3	69.7	−673.4	−32.3
中温区	1 103.0	48.1	410.9	12.1	−407.1	−10.7	1 106.8	48.2
次高温区	136.7	9.3	758.4	47.3	193.2	8.2	1 088.3	74.1
高温区	24.9	3.0	−452.1	−53.6	−112.4	−28.8	−539.6	−65.9

3.4.2 1987～2016年武汉城市热岛时空演变

为进一步探讨武汉市热岛时空演变特征,借助 ArcGIS 软件对 1987 年、1996 年、2007 年和 2016 年的地表温度等级分布进行转移矩阵分析,分别生成 1987～1996 年、1996～2007 年、2007～2016 年和 1987～2016 年的地表温度等级转移空间分布图和地表温度等级转移矩阵表。鉴于各地表温度等级间转移类型较多,因此在可视化时根据转移方向进行了合并,"温度等级不变"表示这一时期相应像元的温度级别没有发生变化,"转向低温"表示像元由对应时期之初的其他地表温度级别(包括高温、次高温、中温及次低温级别)转为时期末的低温等级,表征这一时期新增的低温区域,其他转移类型同理。

1.1987～1996年热岛时空演变

图 3.4 为 1987～1996 年武汉市地表温度等级转移空间分布图,从图中可以看出,转向高温的区域主要集中于江汉、江岸、汉阳和武昌等中心城区的建成区和青山的武钢工业区外围,沿着汉江等主要河流和城内环线、城际国道省道等交通干道呈线状或者条带状向外延伸。转向次高温的区域主要分布于武汉市东南方向的江夏区及二环线以外的洪山区,与近郊的建设和扩张方向基本一致。转向中温的区域广泛分布于中心城区外的耕地、小规模林地、绿地等自然地表与低密度建筑覆盖区。转向次低温的区域主要分布在涨渡湖等湖泊的周边农田、城市大型公园绿地及汉南、蔡甸、东西湖的部分地区;而低温区新增区域主要分布于沉湖、长江等大型水体边缘地区。

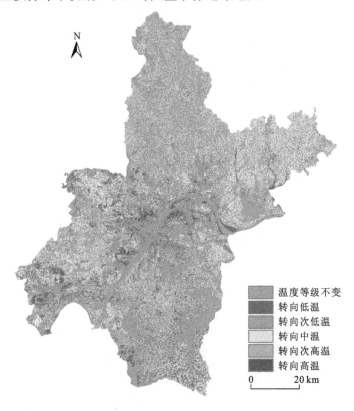

图 3.4   1987～1996年武汉市热岛时空演变格局

表 3.7 详细列出了 1987～1996 年各温度级别转移方向及幅度。转入转出面积差距最大的是中温区，转入面积为 2 092.5 km²，最主要的转入来源是次低温区，占中温转入的 55.5%；转出面积为 989.0 km²，其中 50.4%转出为次高温区，26.2%、13.6%分别转化为次低温区和高温区。次低温与中温级别的转换最为频繁，但次低温转为中温区面积（1 161.4 km²）远远大于中温转次低温的面积（259.3 km²），导致地表温度等级升高。高温区转入面积（445.5 km²）与转出面积（421.3 km²）基本持平，主要是与次高温级别相互转变，其中 53.8%高温转入来源于次高温区，66.3%的高温转出为次高温区。次高温区转出面积 902.8 km²，59.2%转化为中温区；而转入面积达到 1 040.3 km²，47.9%来源于中温区。低温区转出面积为 737.6 km²，主要转化为次低温区（48.21%）和中温区（38.5%）；转入面积仅 353.8 km²，其中 59.1%来源于次低温区转入。综合来看，这一时期低温区、次低温区转出面积远大于转入面积，是中温区、次高温区的转入主要来源。以上分析表明，1987～1996 年武汉市以次低温区转中温区为主导变化趋势，整体地表温度升级，表明研究区热环境呈现恶化态势，但幅度不大。

表 3.7　1987～1996 年各地表温度等级转移面积统计　　　　　　（单位：km²）

等级	低温	次低温	中温	次高温	高温	总计
低温	—	355.7	284.0	64.4	33.5	737.6
次低温	209.1	—	1 161.4	198.4	31.9	1 600.8
中温	96.5	259.3	—	498.3	134.9	989.0
次高温	37.1	86.4	534.1	—	245.2	902.8
高温	11.1	18.0	113.0	279.2	—	421.3
总计	353.8	719.4	2 092.5	1 040.3	455.5	—

2. 1996～2007 年热岛时空演变

　　图 3.5 是 1996～2007 年武汉市各地表温度等级转移空间分布，与 1987～1996 年相比，武汉市地表温度等级转移格局发生明显变化。转向高温级别的区域已从二环线蔓延至三环线以外，沿着主要交通干道和汉江沿线分布，且在东湖新技术开发区、吴家山经济技术开发区、武汉经济技术开发区等城市发展新区形成新的小规模点状或块状高温区域。转向次高温的区域主要集中于城市中心的江汉、江岸、汉阳、硚口、武昌、青山等中心城区，零散分布于近郊区的建成区周边，呈现不连续的面状分布。转向中温的区域广泛分布于江夏、汉南、蔡甸、东西湖、黄陂、新洲、洪山的耕地、农建结合等地区。转向次低温的主要发生于武汉西北方向的黄陂木兰山生态风景区和城市西南角沉湖周边的农用地。转向低温的区域则主要分布于涨渡湖、武湖、严西湖等近郊大型湖泊周围。

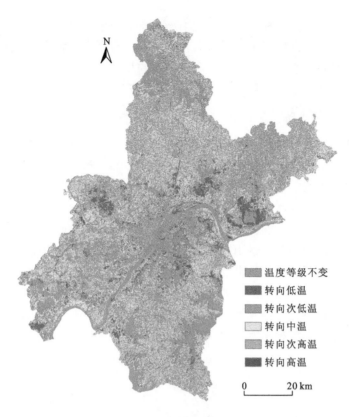

温度等级不变

转向低温

转向次低温

转向中温

转向次高温

转向高温

0　　20 km

图 3.5　1996～2007 年武汉市热岛时空演变格局

　　表 3.8 是 1996～2007 年各地表温度级别间转移类型的面积统计，结果显示，这一时期次高温区的转入转出面积差距最大，转入面积为 1 685.4 km²，51.8%、26.6% 和 14.2% 来源于中温区、高温区和次低温区；转出面积为 928.3 km²，其中 85.5% 转为中温区。中温区的转入面积共 1 743.8 km²，转出面积为 1 334.7 km²，次高温区既是其主要转入来源也是其主要转出方向，分别占中温区转入、转出面积的 45%、65.4%。高温区的转出面积为 619.1 km²（其中 72.4% 转为次高温区），远大于其转入面积（168.3 km²）。低温区转入转出面积大致持平，转出面积共计 504.8 km²，转入面积为 461.2 km²。次低温区转出面积为 1 070.8 km²，远大于 399.0 km² 的转入面积，中温区既是其主要来源也是其主要

表 3.8　1996～2007 年各地表温度等级转移面积统计　　　　　　　（单位：km²）

等级	低温	次低温	中温	次高温	高温	总计
低温	—	130.3	228.9	124.7	20.9	504.8
次低温	222.0	—	585.7	239.6	23.5	1 070.8
中温	167.5	230.7	—	872.9	63.6	1 334.7
次高温	54.0	30.0	784.0	—	60.3	928.3
高温	17.7	8.0	145.2	448.2	—	619.1
总计	461.2	399.0	1 743.8	1 685.4	168.3	—

转出方向，转入转出比例分别为 57.8%、54.7%。综合来看，这一时期，次低温区转中温区、次低温区转次高温区的增量均超过其转入面积，而高温区转次高温区、高温区转中温区也是主要的转移类型，但中心城区温度等级的相对下降可归因于总体热环境的恶化及周边新热岛中心的出现，热环境实际呈现恶化趋势。

3. 2007～2016 年热岛时空演变

对 2007～2016 年武汉市各地表温度等级进行转移矩阵分析（图 3.6）。这一时期，较低级别地表温度区域转向高温等级的范围在 1996～2007 年的基础上沿着汉江沿岸及东湖新技术开发区等继续扩张，且在武汉经济技术开发区形成了连续的、块状分布的新的高温区域。其他级别转向次高温的区域主要分布在武昌、青山、汉阳等中心城区，或洪山、江夏、蔡甸、东西湖、新洲等近郊和郊区城镇。转向中温的区域主要分布于蔡甸、东西湖的农田及涨渡湖南部、洪山区北部的长江沿岸、大军山附近植被覆盖与建设用地相结合的区域。与前两个时期相比，2007～2016 年转向次低温的区域明显扩张，新增次低温区主要包括武汉中心城区的大型公园绿地、白沙洲、天兴洲、东西湖区中部的大规模耕地及涨渡湖、武湖、严西湖等大型湖泊的周边农田区域。转向低温区的主要分布于西北方向的大型山体和大型水库周围。

图 3.6 2007～2016 年武汉市热岛时空演变格局

表 3.9 是对武汉市 2007～2016 年各地表温度等级转移面积的统计。转入转出面积差距最大的为次低温区，转出面积为 329.6 km^2，主要转出方向为中温区，占比为 56.1%；

转入面积共 1 210.0 km²，其中 54.8%来源于中温区，30.9%来源于低温区。低温区转出面积共计 706.5 km²，远超过转入面积（152.5 km²），次低温区和中温区依然是其主要转出方向，分别占比为 52.9%、35.8%。2007~2016 年中温区转出面积为 1 796.4 km²，转入面积 1 389.2 km²，其中次高温区既是其主要转出方向也是其主要转入来源，不过中温区转次高温区的增量（1 013.4 km²）要超过次高温区转中温区的增量（889.4 km²），使得次高温区的覆盖面积增加。2007~2016 年次高温区转入面积 1 320.1 km²，转出面积 1 242.1 km²，中温区是其主要来源和转出方向，分别占比 76.8%、72.4%。高温区转入面积为 249.8 km²，转出面积为 247.0 km²，而次高温区是其主要转入来源和转出方向。总体上，一方面，中温区转次高温区、次高温区转高温区的面积均大于其反向转化，说明热环境仍然存在恶化趋势；另一方面，中温区转次低温区也是这一时期重要的地表温度等级转换类型，结合图 3.6 中大量新增的次低温区，说明注重生态效益而实施的保护水体、增加植被等措施对热环境存在改善作用。

表 3.9　2007~2016 年各地表温度等级转移面积统计　　　　（单位：km²）

等级	低温	次低温	中温	次高温	高温	总计
低温	—	373.6	253.0	72.3	7.6	706.5
次低温	63.5	—	184.9	75.1	6.1	329.6
中温	54.7	662.5	—	1 013.4	65.8	1 796.4
次高温	23.7	158.7	889.4	—	170.3	1 242.1
高温	10.6	15.2	61.9	159.3	—	247.0
总计	152.5	1 210.0	1 389.2	1 320.1	249.8	—

4. 1987~2016 年热岛时空演变

图 3.7 为 1987~2016 年各地表温度级别间转移的空间格局。其他温度级别转为高温的区域范围从二环线沿着武汉长江以西主要交通干道蔓延至三环线以外，新增高温区主要集中在武汉经济技术开发区、蔡甸工业园区、汉江沿岸、主要交通干道沿线；此外，汉南的建成区、武钢工业区的周边地区、东湖新技术开发区等区域也成为小规模的高温中心。转入次高温的区域主要集中于二环线内的江汉、江岸、武昌的建成区及城郊结合部的城镇用地。转入中温的区域广泛分布于江夏、蔡甸、新洲、黄陂、东西湖等近郊和郊区耕地或小规模绿地。转入低温、次低温的区域主要分布在涨渡湖、武湖、沉湖等湖泊边缘，以及郊区的大型山体或自然植被区。而长江、梁子湖、东湖等大型水体始终保持低温等级不变。

表 3.10 统计了 1987~2016 年的地表温度等级转移的面积和方向，结果显示，29 年间转入转出面积差距最大的是中温区，转入面积共计 2 264.4 km²，其中 45.5%和 17.6%分别来源于次低温区和低温区，26.6%和 10.4%分别来源于次高温区和高温区；转出面积为 1 157.6 km²，其中 63%转为次高温区。次高温区 1987~2016 年共转出面积 849.0 km²，其中 70.8%转出为中温区；转入面积共 1 822.1 km²，其中分别有 40%、26.8%、22.1%来源于中温区、次低温区和高温区。高温区转出面积 677.0 km²，转入面积 252.3 km²，次

高温区既是其主要转入来源也是主要转出方向，且高温区转为次高温区的面积超过其转入面积，主要是由于随着城市建设用地的扩张，研究区总体地表温度等级上升，使得城市中心与周围环境地表温度的差值减少，高温等级的面积相对减少。1987～2016年低温区转出面积（1 096.5 km²）远远超过其转入面积（114.5 km²），其中43%和36.3%分别转化为次低温区和中温区。次低温区转出面积为 1 626.8 km²，主要转出方向为中温区（63.4%）和次高温区（30.1%）；而转入面积为953.6 km²，其中49.4%来源于低温区。综合来看，29年间武汉市地表温度变化以次低温转中温、中温转次高温为主，主要集中于二环线以外地区，热岛效应总体上呈现恶化的趋势，而二环线内绝大部分高温区转为次高温区，地表温度差异变小、温度等级降低，但热岛范围扩大。

图 3.7　1987～2016 年武汉市热岛时空演变格局

表 3.10　1987～2016 年各地表温度等级转移面积统计　　（单位：km²）

等级	低温	次低温	中温	次高温	高温	总计
低温	—	471.3	397.8	200.1	27.3	1 096.5
次低温	75.2	—	1 030.7	489.1	31.8	1 626.8
中温	25.0	325.5	—	729.4	77.7	1 157.6
次高温	8.9	123.2	601.4	—	115.5	849.0
高温	5.4	33.6	234.5	403.5	—	677.0
总计	114.5	953.6	2 264.4	1 822.1	252.3	—

3.5 本章小结

　　本章采用武汉市1987年9月26日、1996年10月4日、2007年4月10日和2016年7月23日的多时相遥感影像作为数据源，进行地面温度的遥感反演，明确了武汉市地表温度的空间分布，模拟了热岛效应的时空转移特征，探讨了武汉市热环境状况的时空演变格局。结果表明，武汉市地表温度的分布与城市发展有着较好的一致性，高温区集中分布于建设密度大、人口集中的城市中心区和城镇的建成区，而低温区则分布于大型水体及武汉市的近郊和郊区的植被覆盖区；随着城市化的发展对城市热环境特征的影响，武汉市高温区面积有着明显的增加趋势，热岛范围也明显扩张，不同时期表现出不同的扩张方向、扩张范围及扩张特征；研究期间武汉市热环境状况总体上呈现恶化趋势，恶化的主要方向是西和西南，这也与城市规划中城市建设的方向一致，但不同时期热环境状况的改变方向和速度明显不同。

　　1987~1996年热岛范围以武汉市建成区为中心，沿着汉江等主要河流和城内环线、城际国道省道等交通干道呈线状或者条带状向外延伸，热岛区域增加。热环境状况恶化区域主要分布于城市建成区西南外围和城市东南角，而水域、大型林地和农田等区域由于地表覆被特征，热环境没有发生明显恶化甚至趋于改良。1996~2007年热岛中心由武汉市建成区明显向西南方向偏移，并且呈片状格局分布；强热岛从二环线蔓延至三环线以外，沿着主要交通干道和汉江沿线分布，且在东湖新技术开发区、吴家山经济技术开发区、武汉经济技术开发区等城市发展新区形成新的小规模点状或块状热岛中心。这一时期城市热环境恶化速度迅速，恶化范围明显增加，武汉市西和西南方向的大规模农用地存在一定程度的改良态势。2007~2016年高温区沿着汉江沿岸及东湖新技术开发区等继续扩张，西南方向的新城市发展区已经成为新的热岛中心，且在武汉经济开发区等新的城市发展区形成了连续的、块状分布的新的高温区域；城市中心地区热岛相对等级和强度出现下降，但城市热岛范围却明显扩张。

　　虽然不同时期武汉市地表温度及热岛效应呈现出不同的变化趋势，但其变化呈现一定的时空分布规律，即高温区域大多集中分布于经济繁荣、人口集中、建筑林立、工业密集的城市建成区，或者网状分布于城市的交通干道和铁路沿线；低温区域主要分布在长江、汉江和大型城市湖泊；远离中心城区的近郊或者郊区，大型绿地或自然山体也多为低温或较低温区域。高温或强热岛的扩张方向与城市建设的发展方向基本一致，随着城市水平的提高和建设用地的扩张，城市热环境状况有明显恶化的趋势。但城市环境具有明显的空间异质性，武汉市城市发展水平和城市建设程度与城市热岛效应的协同变化规律尚不明确，定量研究城市发展水平及城市扩张对城市热环境的时空驱动机制，是厘清城市热岛效应形成与演变规律的重要途径。

第4章　武汉市建设水平对热场空间分布的影响

通过第2章对1987～2017武汉市城市化进程的研究发现,随着武汉市社会经济水平的不断提高,三大产业结构面临调整和升级,城市经济和社会发展需要使得城市化初始阶段表现出城市空间的无序扩张;而第3章对武汉城市热岛效应时空演变的刻画,证实了城市热岛效应时空分布格局与城镇化空间布局及分布特征呈现出明显的耦合性,因此探讨城市化或城市建设水平对城市热岛效应的影响具有重要意义。

传统的研究方法利用气象站点记录的历史气象数据,用城市站点和郊区站点之间的气温差值表征城市热岛强度;基于统计年鉴记录的社会经济数据,选取若干相关指标表征城市化水平,构建各指标与气温之间的数量关系,分析城市化进程与城市热岛演变的协同关系(彭保发 等,2013;Hjort et al.,2011;岳文泽 等,2010;季崇萍 等,2006)。这类研究能有效分析长期的时间序列热岛效应的变化趋势。但是研究结果容易受到气象站点的数量及微环境的影响,城市化进程中环境基质的改变影响气象站点周围环境及气温的观测结果,进而影响到研究结果的科学性。另外,表征城市化水平的相关指标均是以整个研究区为对象进行统计的,不能定量每个像元的属性,不能反映城市地表植被覆盖、透水面及其他自然要素的差异,无法体现城市热环境的空间异质性;且不同的研究所选择的指标体系各不相同,研究结论缺乏可比性和普适性,不能很好地指导城市规划和管理实践。

利用不透水面(impervious surface area,ISA)指数定量城市化水平,能从根本上避免前人选用社会经济指标定量城市化水平所带来的任意性和不可比性。近年来,随着遥感信息技术的飞速发展,利用卫星遥感技术提取城市不透水面信息成为可能,城市不透水面作为定量城市化水平和城市建设程度的重要指标,已经引起众多专家、学者的关注(谢启姣 等,2016;Carlson,2012;Zhang et al.,2009;Yuan and Bauer,2007)。根据下垫面的透水性质不同,可简单地将城市下垫面分为两类,即透水面和不透水面。不透水面指的是天然的或者人造的水不能渗透到地表以下土壤中的地貌特征,城市当中的不透水面主要包括具有人工特点的道路、停车场、硬质铺装、建筑屋顶等。随着城市化进程的不断推进,城市各种建设蓬勃发展,不透水面的面积不断增加,导致城市地表的导热率增加,最终导致城市气温的升高和城市热岛效应的加剧。

城市化导致城市内部地表覆盖、土地利用类型、建筑高度及密度等的空间差异,即城市建设水平的空间差异性,形成不同的基质特征,导致城市热量的不均衡分布。前人研究结果表明地表温度与城市不透水面呈现正相关,与城市植被呈现负相关关系;不透水面(ISA)指数和归一化植被指数(NDVI)作为城市热岛效应指示性指标时,地表温度(LST)与ISA呈现更强的相关性(Zhang et al.,2009;Yuan and Bauer,2007),且在不同的季节都有着明显的正相关,而LST与NDVI的负相关关系则随着季节变化而变化。说明ISA指数比NDVI能更科学、稳定、有效地解释城市地表温度及城市热岛效应的空间变化。

定量研究 ISA 与 LST 的关系，有助于更好地理解城市热岛效应的形成与演变；模拟不同基质或不同建设水平地表温度和热岛效应的变化规律及其影响因素，有助于更好地理解城市化对热岛效应空间分布的影响，从而有针对性地提出城市规划、环境提升的策略。而前人的研究多集中在城市建成区不透水面与地表温度和城市热岛的关系研究，但热岛效应研究的出发点是城市与郊区之间的温度差异，因此研究武汉市市域不透水面与地表温度之间的关系能使人们更好地理解城市建设水平对热岛效应的影响。

4.1　研究方法

基于武汉市市域 1987 年 9 月 26 日、1996 年 10 月 4 日、2007 年 4 月 10 日及 2016 年 7 月 23 日的遥感影像计算 ISA 并确定合适的阈值，划分武汉市城市建设密度及发展水平；结合第 3 章遥感反演得到的地表温度数据，分析不同城市建设密度下地表温度的空间分布特征，定量研究 ISA 及 NDVI 与 LST 的关系，探讨城市发展水平对热岛效应空间变化的影响。

4.1.1　修正的归一化水体指数计算

武汉市市域范围内水体面积大，约占研究区面积的 20%，而水体的反射率较低，会对提取不透水面信息造成干扰，因此在进行不透水面提取之前必须剔除水体，以消除水体的影响。本节按照 6.1.2 小节进行土地利用/覆盖类型划分，结合修正的归一化水体指数（modified normalized difference water index，MNDWI）剔除研究区水体：

$$\mathrm{MNDWI} = \frac{\rho(\mathrm{band2}) - \rho(\mathrm{band5})}{\rho(\mathrm{band2}) + \rho(\mathrm{band5})} \tag{4.1}$$

式中：$\rho(\mathrm{band2})$ 和 $\rho(\mathrm{band5})$ 分别为经过大气校正后的绿光波段（band2）和中红外波段（band5）的大气顶部反射率，可由式（3.2）计算。

4.1.2　不透水面指数计算

本节采用 Ridd（1995）、Carlson 和 Traci（2000）所用的利用植被覆盖度提取不透水面的方法，提取武汉市建成区的不透水面，步骤如下：

$$\mathrm{Fr} = N^{*2} \tag{4.2}$$

$$N^{*2} = \frac{\mathrm{NDVI} - \mathrm{NDVI}_{\mathrm{soil}}}{\mathrm{NDVI}_{\mathrm{veg}} - \mathrm{NDVI}_{\mathrm{soil}}} \tag{4.3}$$

$$\mathrm{ISA} = 1 - \mathrm{Fr} \tag{4.4}$$

式中：Fr 为像元对应的植被覆盖度（fractional vegetation cover）；NDVI 为像元的归一化植被指数，可由式（3.4）算得；$\mathrm{NDVI}_{\mathrm{soil}}$ 和 $\mathrm{NDVI}_{\mathrm{veg}}$ 分别为影像的裸土像元和完全植被覆盖像元的 NDVI，通常可用相关影像研究区域内的最小和最大 NDVI 代替。由于上述方法是从城市建成区范围内研究得来，只对武汉市建成区适用，不适合植被覆盖较多的郊区或其他自然地表区域，因此利用 ISA 与建筑指数之间的关系，通过设定阈值提取郊区的不透水面信息（Zhang et al.，2009），归一化建筑指数（normalized difference built-up index，NDBI）计算方法如下：

$$NDBI = \frac{\rho(band_{mid\text{-}inf}) - \rho(band_{near\text{-}inf})}{\rho(band_{mid\text{-}inf}) + \rho(band_{near\text{-}inf})} \qquad (4.5)$$

式中：$\rho(band_{mid\text{-}inf})$ 和 $\rho(band_{near\text{-}inf})$ 分别为经过大气校正后的中红外波段（对应 Landsat 5 的 band 5 和 Landsat 8 的 band 6）和近红外波段（对应 Landsat 5 的 band 4 和 Landsat 8 的 band 5）的大气顶部反射率，由式（3.2）算得。

4.1.3 城市建设密度划分

不透水面指数是城市建设和发展水平的重要定量指标，可根据不透水面的空间分布特征确定合适的阈值划分不同级别，表征城市建设密度或水平。本章以武汉市市域作为研究区域。武汉市是中国重要的特大城市之一，地表覆盖性质复杂，根据武汉市不透水面指数的分布特征，参考前人的研究结论，按照一定的阈值将武汉市城市建设密度划分为 4 个级别（表 4.1）：①非建设用地指以自然地表为主、穿插有建筑或道路等不透水面指数小于或等于 0.10 的区域，主要包括耕地、水体、林地及城市大型公园绿地；②低密度建设区为不透水面指数 0.10~0.45 的范围；③中密度建设区指不透水面指数为 0.45~0.80，以建设用地为主的范围，也有一定的自然覆盖比例，包括城市建成区自然地表保存较好的区域或绿化水平较高的区域，如新建的城市居住小区、公园及学校等；④高密度建设区为不透水面指数大于 0.80 的区域，主要分布在中心城区的商业区、老社区、工业区及其他建筑密度较大的范围。

表 4.1　武汉市城市建设密度划分

参数	非建设用地	低密度建设区	中密度建设区	高密度建设区
ISA	ISA≤0.10	0.10<ISA≤0.45	0.45<ISA≤0.80	ISA>0.80

4.1.4 城市建设水平与地表温度的定量关系

为研究武汉市市域范围内 1987~2016 年的城镇化水平时空变化，按照不同地表覆盖特征与城镇化发展水平的关系，在 ERDAS 软件中分别统计 1987 年、1996 年、2007 年和 2016 年不同城镇化发展水平的平均地表温度，分析不同发展水平地表温度的差异及热岛效应。

为定量探讨城镇化水平对地表温度分布和城市热岛效应的贡献，利用 ArcGIS 软件分别对不同研究年份的 ISA 和 NDVI 以 1%为增量进行重分类，利用其分类统计功能统计相应增量范围内的平均地表温度，并在 SPSS 软件中进行定量分析；并进一步探讨武汉市建设水平与 ISA、NDVI 和 LST 的影响，对不同建设密度背景下，ISA、NDVI 和 LST 的定量关系进行统计学分析。

4.2　不同时期不透水面指数空间分布

图 4.1 显示的是通过遥感影像提取的武汉市 1987 年[图 4.1（a）]、1996 年[图 4.1（b）]、2007 年[图 4.1（c）]和 2016 年[图 4.1（d）]不透水面指数空间分布图。不透水面指数变化范围为 0～1，自然植被覆盖度越高的区域不透水面指数越小，建筑密度越大的区域不透水面指数越大。从图 4.1 中可知，4 个研究年份武汉市市域不透水面指数分布呈现出一定的空间规律，即不透水面指数的高值区主要集中在武汉市中心城区和郊区的建成区，呈现出片状集中和点状分散的格局，这些区域多为高度发展的中心商业区、住宅区等建设用地，城市建成区由于自然覆盖被建筑等硬质地表代替，硬化程度较高；而不透水面指数的低值区多分布在武汉市近郊或郊区，这些地方多为农田或森林等自然覆盖。对比4 个研究年份的不透水面指数空间分布图，发现 29 年间不透水面指数的高值区面积不断增加、覆盖范围大幅度扩张，城镇化水平显著提高。

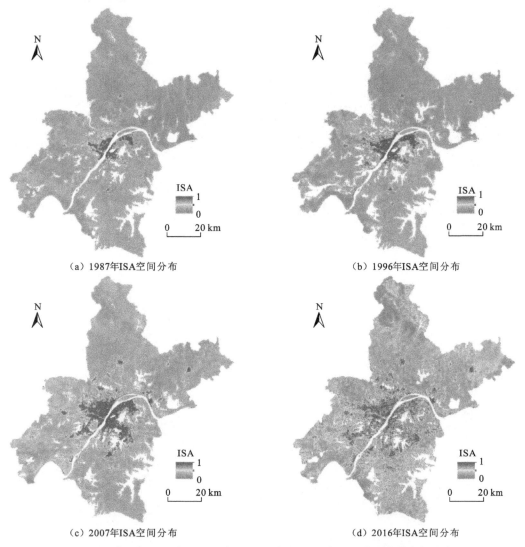

（a）1987年ISA空间分布　　　　　　　　　　（b）1996年ISA空间分布

（c）2007年ISA空间分布　　　　　　　　　　（d）2016年ISA空间分布

图 4.1　武汉市 1987 年、1996 年、2007 年和 2016 年不透水面指数空间分布

为了更直观地了解各研究年份的不透水面指数总体情况，对 1987 年、1996 年、2007 年和 2016 年的不透水面指数的平均值、标准差、最大值和最小值进行统计（表 4.2）。1987 年、1996 年、2007 年和 2016 年武汉市不透水面指数平均值分别为 0.168、0.286、0.381 和 0.434，数值逐步增大，说明城镇化水平呈上升趋势。标准差能较好地反映研究区不透水面指数的变化情况，由表 4.2 可知，2016 年和 2007 年的标准差明显大于 1987 年和 1996 年，说明随着城市化程度的提高，环境基质受到人类活动的影响变大，研究区范围城市建设呈现出较高的空间异质性，结果符合 29 年间武汉市的城市发展实际。

表 4.2　不同年份不透水面指数统计

年份	平均值	标准差	最小值	最大值
1987	0.168	0.192	0	1
1996	0.286	0.166	0	1
2007	0.381	0.229	0	1
2016	0.434	0.304	0	1

图 4.2 为武汉市不同年份的城市建设密度的空间分布图。不同年份城市各建设密度的面积和范围有着明显不同，表 4.3 对非建设用地、低密度建设区、中密度建设区和高密度建设区的面积进行了统计。1987 年［图 4.2（a）］，研究区总体城市化水平不高，绝大部分区域划定为非建设用地和低密度建设区，其中非建设用地面积为 4 563.1 km^2，占研究区总面积的 53.2%；其次是低密度建设区，占总面积的 43.4%。高密度建设区和中密度建设区面积分别为 174.6 km^2 和 111.3 km^2，两者共仅占总面积的 3.4%，且主要呈集中式分布，主要分布于武汉市二环线内的武昌、汉口、汉阳等主城区范围，表现出明显的"岛状"空间特征。

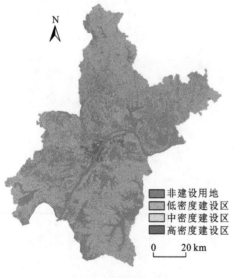

（a）1987年不同ISA级别空间分布

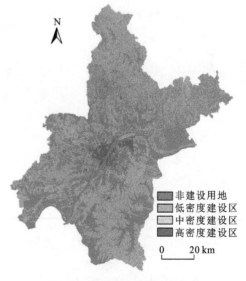

（b）1996年不同ISA级别空间分布

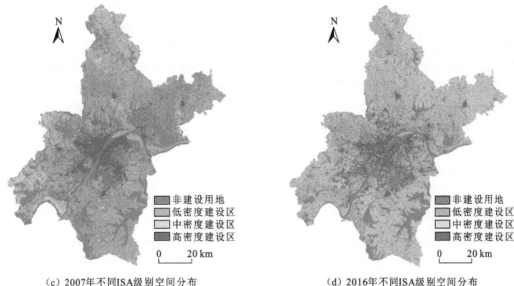

(c) 2007年不同ISA级别空间分布   (d) 2016年不同ISA级别空间分布

图 4.2 武汉市 1987 年、1996 年、2007 年和 2016 年的城市建设密度空间分布

表 4.3 不同年份城市各建设密度的面积统计

等级	1987 年		1996 年		2007 年		2016 年	
	面积/km²	占比/%	面积/km²	占比/%	面积/km²	占比/%	面积/km²	占比/%
非建设用地	4 563.1	53.2	4 802.3	56.0	3 714.5	43.3	2 803.1	32.7
低密度建设区	3 726.6	43.4	3 243.3	37.8	3 273.5	38.2	2 849.8	33.2
中密度建设区	111.3	1.3	203.9	2.4	630.6	7.3	1 557.4	18.2
高密度建设区	174.6	2.1	324.8	3.8	957.1	11.2	1 365.3	15.9

1996 年[图 4.2（b）]城市建设密度与 1987 年表现出相似的空间格局，但相较于 1987年，高密度建设区覆盖范围明显增大，由原来的二环线内扩张到了二环线到三环线之间，呈现片状集中和点状分散结合分布的空间格局。高密度建设区的面积占比也由 1987 年的 2.1%增加到 3.8%。但这一时期武汉市仍以非建设用地为主，面积为 4 802.3 km²，占比达 56%；其次为低密度建设区，面积为 3 243.3 km²，占总面积的 37.8%，总体上仍然呈现出自然覆盖的基质特征。

2007 年[图 4.2（c）]武汉市城市建设密度的空间分布格局发生了明显变化：高密度建设区范围已经扩展到三环线之外，并通过主要交通干道与郊区点状分布区连接起来，中心城区呈现面状集中分布，近郊出现多个分散的高密度点状中心。高密度建设区面积也增加到 957.1 km²，占总面积的 11.2%。同时中密度建设区覆盖范围也明显扩张，由于城市化的影响，大量原来分布于近郊或郊区集镇周围的低密度建设区发展为中密度建设区，总面积达 630.6 km²，占比达 7.3%。相应地，这一时期非建设用地覆盖范围明显减少，总面积为 3 714.5 km²，占总面积的 43.3%。

2016 年［图 4.2（d）］高密度建设区以中心城区为中心继续沿着交通干道及水系向外呈面状和线状扩张，覆盖范围已经外延至东西湖区、蔡甸区、汉南区、洪山区、江夏区等近郊或郊区，面积达 1 365.3km²，占总面积的 15.9%。中密度建设区也明显扩张，总面积达 1 557.4km²，占到总面积的 18.2%。中密度建设区和高密度建设区形成的建设网络基本已覆盖整个武汉市。这一时期低密度建设区面积（2 849.8km²）开始超过非建设用地（2 803.1 km²），虽然总体上非建设用地和低密度建设区面积依然保持较高比例，但由于高密度建设区和中密度建设区的蚕食和侵占，其空间分布破碎化严重，连接度降低，难以体现其基质功能。

为更直观地体现不同时期城市建设密度的总体变化情况，对 1987～2016 年不同时期各城市建设密度的面积变化进行统计，见表 4.4。1987～2016 年，非建设用地和低密度建设区覆盖范围减小，面积分别减少 1 760 km² 和 876.8 km²，29 年间各减少了 38.6% 和23.5%；而中密度建设区和高密度建设区覆盖面积则大幅度增加，分别增加了 1 446.1km²和 1 190.7 km²，增幅达到 1 299.3% 和 682.0%。总体上，中密度建设区和高密度建设区的面积增幅远大于非建设用地和低密度建设区的面积，29 年间武汉市城市建设水平明显提高。

表 4.4   不同时期各建设密度的面积变化统计

等级	1987～1996 年		1996～2007 年		2007～2016 年		1987～2016 年	
	变化量/km²	占比/%	变化量/km²	占比/%	变化量/km²	占比/%	变化量/km²	占比/%
非建设用地	239.2	5.2	-1 087.8	-22.7	-911.4	-24.5	-1 760.0	-38.6
低密度建设区	-483.3	-12.9	30.2	0.9	-423.7	-12.9	-876.8	-23.5
中密度建设区	92.6	83.2	426.7	209.3	926.8	147.0	1 446.1	1 299.3
高密度建设区	150.2	86.0	632.3	194.7	408.2	42.6	1 190.7	682.0

具体来看，不同建设密度的用地面积在不同时期表现出不同的变化特征。1987～1996年的面积变化最大的是低密度建设区，共减少了 483.3 km²（12.9%）；增长速度最快的是高密度建设区，共增加了 86%（150.2 km²）。1996～2007 年非建设用地剧减，11 年间共减少了 1 087.8 km²，为整个研究时期（1987～2016 年）非建设用地减少量的 61.8%，说明这一时期城市建设扩张明显，主要表现为对耕地或林地的侵占；相应地，低密度建设区、中密度建设区和高密度建设区均为增长状态，其中增幅最大的是高密度建设区，增加了 632.3 km²（194.7%），增速最大的是中密度建设区，11 年间增加了 209.3%（426.7 km²）。2007～2016 年，中密度建设区的增幅和增速均是最大，9 年间共增加926.8 km²，增加了 147.0%；中密度建设区增加量与非建设用地的减少量（911.4 km²）相当，一定程度上城市建设依然以牺牲农用地等自然景观为主。

4.3　武汉市城市建设密度对城市热场分布的影响

将武汉市 1987 年［图 4.1（a）］、1996 年［图 4.1（b）］、2007 年［图 4.1（c）］和 2016

年[图 4.1（d）]的不透水面指数分布与相应时期的武汉市地表温度分布（图 3.1）进行目视对比，发现不透水面指数与地表温度的分布格局呈现出明显的空间耦合规律，即地表温度由高到低的空间变化与城市建设水平由高密度建设区到非建设用地的分布特征有着良好的一致性，城市建设密度和发展水平对城市地表温度的空间分布有着明显的影响。为更好地理解两者的关系，利用 ArcGIS 软件对武汉市各城市建设密度的地表温度平均值进行了统计。

如表 4.5 所示，不同等级城市建设密度范围的平均地表温度存在明显差异，但不同时期不同建设密度对应的平均地表温度呈现出相同的规律，即高密度建设区＞中密度建设区＞低密度建设区＞非建设用地。将不同建设密度覆盖范围的平均地表温度和非建设用地的温度差值理解为相对热岛强度，发现不同建设密度范围的热岛强度明显不同：高密度建设区的相对热岛强度最大，1987 年、1996 年、2007 年和 2016 年分别为 13.52 ℃、7.31 ℃、6.67 ℃和 9.45 ℃；中密度建设区的相对热岛强度次之，4 个研究年份分别为 9.97 ℃、6.5 ℃、5.79 ℃和 7.89 ℃；低密度建设区的相对热岛强度最弱，但也分别达到了 6.51 ℃、2.87 ℃、4.26 ℃和 4.23 ℃。标准差能在一定程度上反映对应年份、不同建设密度覆盖范围内的地表温度变化区间。不同年份的各建设密度等级平均温度的标准差为非建设用地＞低密度建设区＞中/高密度建设区。总体上，这意味着随着不透水面指数的增加和建设密度等级的提高，平均地表温度越来越高且等级内的温度差异越来越小，不同城市建设密度对地表温度分布和热岛效应的空间格局有着明显影响，需要进一步探讨这种影响的程度及方式，从而针对性地提出缓解对策。

表 4.5　不同年份各建设密度等级的地表温度统计

等级	1987 年		1996 年		2007 年		2016 年	
	平均值/℃	标准差	平均值/℃	标准差	平均值/℃	标准差	平均值/℃	标准差
非建设用地	35.71	7.09	22.35	1.98	20.44	3.63	25.28	2.36
低密度建设区	42.22	4.92	25.22	1.66	24.70	2.32	29.51	1.84
中密度建设区	45.68	4.37	28.85	1.38	26.23	1.76	33.17	1.52
高密度建设区	49.23	4.09	29.66	1.36	27.11	1.89	34.73	1.69

4.3.1　1987 年城市建设密度对热场分布的影响

为更直观地了解武汉市不同城市建设密度和热岛分布的关系，将武汉市 1987 年[图 4.2（a）]、1996 年[图 4.2（b）]、2007 年[图 4.2（c）]和 2016 年[图 4.2（d）]城市建设密度分布图掩膜相应时期内的地表温度等级空间格局（图 3.3），可得到各年份不同建设密度覆盖范围内的各地表温度等级分布情况。

图 4.3 是 1987 年不同建设密度范围各地表温度等级的空间分布图，表 4.6 对其进行了面积统计。1987 年非建设用地[图 4.3（a）]多分布在郊区的大型山体或自然风景区内，且大部分被代表次低温区或中温区的绿色或黄色所覆盖，占非建设用地总面积的 58.0%和 30.4%；而高温区和次高温区共仅占非建设用地的 7.5%。低密度建设区[图 4.3（b）]

大多分布在郊区村庄、主要道路、河流、农田等区域，图中颜色偏向暖色，代表中温区和次高温区的黄色和橘色区域明显增加，面积分别为 1 613.6km² 和 1 361.3km²，占低密度建设区的 43.3% 和 36.6%；而低温区和次低温区面积共占 7.1%。中密度建设区［图 4.3（c）］多为代表高温区和次高温区的橘色和黄色所覆盖，高温区和次高温区覆盖面积分别占中密度建设区总面积的 46.1% 和 37.3%；仅 3.2% 的中密度建设区的面积表现为次低温区和低温区。79.2% 的高密度建设区［图 4.3（d）］被代表高温区的红色覆盖，17.7% 为次高温区所覆盖，而低温区面积为 0。总的来看，1987 年，从非建设用地到低密度建设区，到中密度建设区，再到高密度建设区，覆盖面积占比最大的地表温度等级分别为次低温区（58.0%）、中温区（43.3%）、高温区（46.1%）及高温区（79.2%），但低温区所占比例从 4.1% 降到 0。

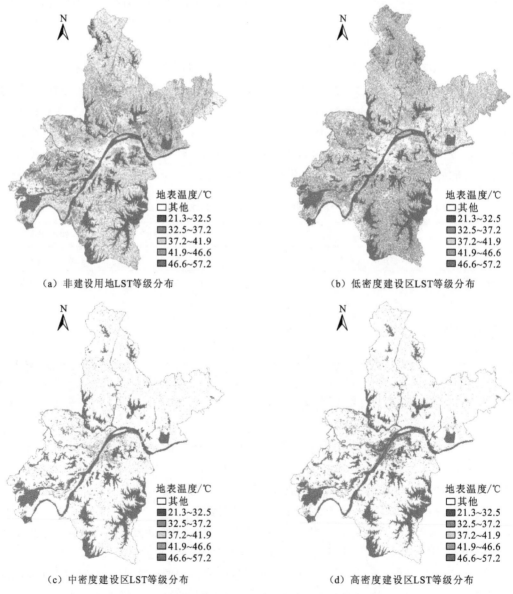

图 4.3 武汉市 1987 年不同建设密度地表温度等级分布

表 4.6　1987 年城市不同建设密度地表温度等级面积统计

地表温度等级	非建设用地		低密度建设区		中密度建设区		高密度建设区	
	面积/km²	比例/%	面积/km²	比例/%	面积/km²	比例/%	面积/km²	比例/%
低温区	179.8	4.1	4	0.1	0.1	0.1	0	0
次低温区	2 567.9	58.0	258.9	7.0	3.5	3.1	1.3	0.7
中温区	1 346.4	30.4	1 613.6	43.3	14.9	13.4	4.1	2.4
次高温区	286.8	6.5	1 361.3	36.6	41.5	37.3	30.8	17.7
高温区	44.2	1.0	485.7	13.0	51.2	46.1	138.2	79.2

4.3.2　1996 年城市建设密度对热场分布的影响

图 4.4 为 1996 年不同建设密度范围各地表温度等级的空间分布图，表 4.7 为各建设密度区地表温度级别面积统计。非建设用地[图 4.4（a）]以次低温区和中温区为主，分别覆盖了 55.9%和 35.0%的总面积；仅 0.8%的非建设用地表现为高温区，总体上非建设用地被较低的温度级别覆盖。低密度建设区[图 4.4（b）]范围内，地表温度以中温区和次高温区为主，分别占该建设密度范围的 52% 和 38%；而次低温区和低温区所占面积分别为 1.8%和 0，表明总体温度级别的提高。随着城市建设密度逐步加大，中密度建设区[图 4.4（c）]和高密度建设区[图 4.4（d）]的高温区分别达到相应建设密度总面积的88.5%和 95.5%；而低温区和次低温区的覆盖面积均为 0，中温区覆盖比例也基本可忽略。这一时期，武汉市建设密度对地表温度级别或热岛效应的影响最为明显：非建设用地主要为较低级别的温度区，对整个研究区表现出一定的降温作用；高密度建设区和中密度建设区则表现出明显的"热岛"特征，分别有 100%和 99.5%的面积被高温区和次高温区覆盖。

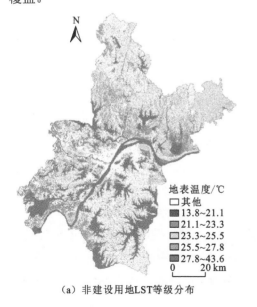

（a）非建设用地LST等级分布

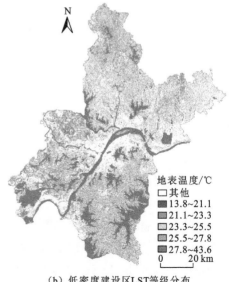

（b）低密度建设区LST等级分布

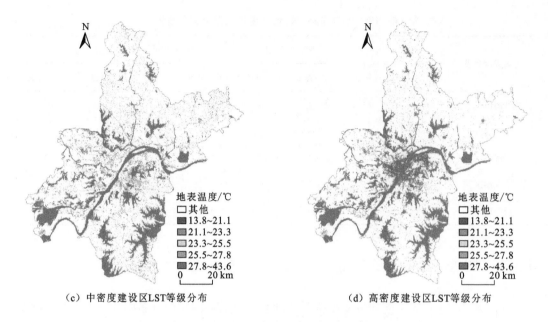

（c）中密度建设区LST等级分布　　　　　　　　　（d）高密度建设区LST等级分布

图 4.4　武汉市 1996 年不同建设密度地表温度等级分布

表 4.7　1996 年城市不同建设密度地表温度等级面积统计

城市建设密度	非建设用地		低密度建设区		中密度建设区		高密度建设区	
	面积/km²	比例/%	面积/km²	比例/%	面积/km²	比例/%	面积/km²	比例/%
低温区	221.7	4.6	0.3	0	0	0	0	0
次低温区	2 678.8	55.9	59.3	1.8	0	0	0	0
中温区	1 675.1	35.0	1 684.1	52.0	0.9	0.5	0.1	0
次高温区	1 76.7	3.7	1 231.7	38.0	22.5	11.0	14.5	4.5
高温区	36.6	0.8	266.6	8.2	180.5	88.5	310.2	95.5

4.3.3　2007 年城市建设密度对热场分布的影响

图 4.5 为 2007 年武汉市不同建设密度范围各地表温度等级的空间分布图，表 4.8 为对应的面积统计。非建设用地[图 4.5（a）]内覆盖面积最大的地表温度级别为中温区，覆盖面积为 1 549.2 km²，占比 41.7%，其次为次低温区（28.0%）、低温区（23.0%）；次高温区和高温面积共占 7.3%，整体呈现出较低的温度级别。低密度建设区[图 4.5（b）]仍以中温区为主，覆盖面积为 2 115.5 km²，占该区域的 64.6%；但次高温区面积增加明显，占比从非建设用地的 6.8%增加到低密度建设区的 29.0%，总的温度级别有所提高；而低温区和次低温区面积比例急剧减少，只占 0%和 4.5%。中密度建设区[图 4.5（c）]和高密度建设区[图 4.5（d）]的主导地表温度级别均为次高温区，面积占比分别为 66.3%

和 65.2%；而高温区面积只占对应建设密度区域的 8.5%和 27.2%。总之，从非建设用地到高密度建设区，低温区面积占比从 23.0%降到 0，高温区占比从 0.5%增加到 27.2%，高温区面积占比变化相较于 1987 年和 1996 年的变化趋势并不突出。但这并不能说明城市建设水平提高对热岛效应的影响变弱，部分原因在于，2007 年所用地表温度数据来源于春季的遥感影像，研究区范围内地表温度的变化幅度较小，基于地表温度实际值划分的温度级别在一定程度上弱化了级别间的差异，也平抑了不同建设密度区域内的温度差异。

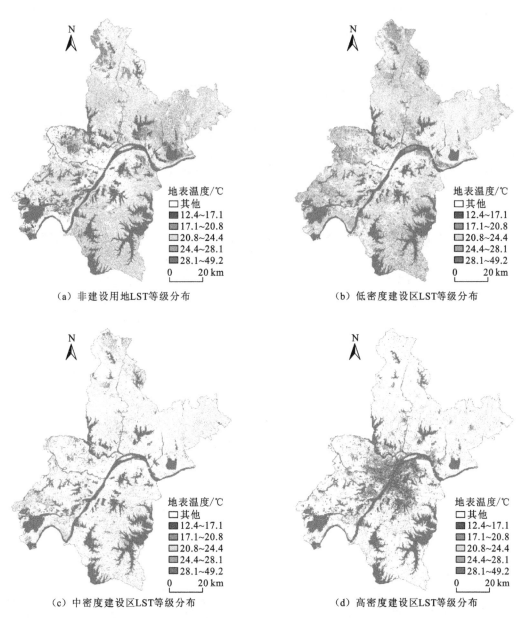

（a）非建设用地LST等级分布 　　　　（b）低密度建设区LST等级分布

（c）中密度建设区LST等级分布 　　　　（d）高密度建设区LST等级分布

图 4.5　武汉市 2007 年不同建设密度地表温度等级分布

表 4.8　2007 年城市不同建设密度地表温度等级面积统计

地表温度等级	非建设用地		低密度建设区		中密度建设区		高密度建设区	
	面积/km²	比例/%	面积/km²	比例/%	面积/km²	比例/%	面积/km²	比例/%
低温区	852.6	23.0	3.1	0	0	0	0	0
次低温区	1 039.6	28.0	145.8	4.5	11.5	1.8	14.7	1.5
中温区	1 549.2	41.7	2 115.5	64.6	147.5	23.4	57.9	6.1
次高温区	252.6	6.8	947.7	29.0	417.6	66.3	623.9	65.2
高温区	16.9	0.5	60.6	1.9	53.8	8.5	260.5	27.2

4.3.4　2016 年城市建设密度对热场分布的影响

图 4.6 为 2016 年武汉市不同建设密度范围各地表温度等级的空间分布图，表 4.9 为各建设密度等级内地表温度等级的面积统计。从非建设用地[图 4.6（a）]到高密度建设区[图 4.6（d）]，图面颜色逐渐加深，表明随着城市建设密度的增加，总的地表温度等级不断提高；对应的低温区覆盖占比从 32.4%降到 0，而高温区覆盖占比则从 0 增加到 26.0%。具体到不同建设密度范围，非建设用地被较低的温度级别覆盖，其中次低温区（33.8%）、中温区（33.1%）和低温区（32.4%）各覆盖约三分之一的区域。低密度建设区以中温区为主，覆盖面积比例为 79.1%，其次为次低温区（14.4%），高温区面积比例则为 0。中密度建设区和高密度建设区内，次高温区均占有最大比例，分别为 78.2%和 69.7%，而低温区占比均为 0；不同的是，中密度建设区中中温区占有第二位面积比例，为 18.5%，而高密度建设区内，高温区面积比例达到 26.0%，远超过这一范围内的中温区（3.9%）。总体而言，2016 年武汉市非建设用地范围内以低温区—中温区覆盖为主；低密度建设区以中温区覆盖为主；而中密度建设区和高密度建设区以次高温区、高温区覆盖为主。

（a）非建设用地LST等级分布

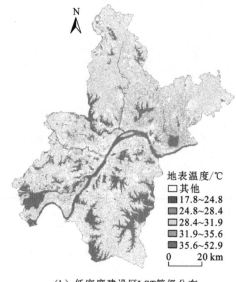

（b）低密度建设区LST等级分布

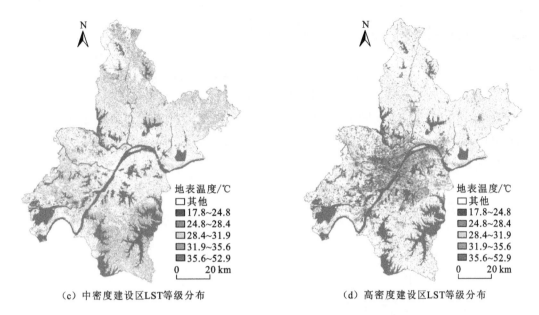

（c）中密度建设区LST等级分布   （d）高密度建设区LST等级分布

图 4.6　武汉市 2016 年不同建设密度地表温度等级分布

表 4.9　2016 年城市不同建设密度地表温度等级面积统计

地表温度等级	非建设用地		低密度建设区		中密度建设区		高密度建设区	
	面积/km²	比例/%	面积/km²	比例/%	面积/km²	比例/%	面积/km²	比例/%
低温区	892.4	32.4	22.6	0.8	0.1	0	0.7	0
次低温区	972.6	33.8	396.4	14.4	6.8	0.4	5.6	0.4
中温区	910.3	33.1	2 176.6	79.1	287.5	18.5	52.7	3.9
次高温区	20.4	0.7	250.3	8.7	1 217.5	78.2	949.9	69.7
高温区	1.3	0	3.5	0	45.2	2.9	353.5	26.0

4.4　武汉市建设水平对地表温度的影响机制

为更加深入地研究城市建设水平与地表温度的关系，选择与城市建设和发展密切相关的两个指标即不透水面（ISA）指数和归一化植被指数（NDVI），将遥感影像获取的 1987 年、1996 年、2007 年和 2016 年武汉市的不透水面指数和归一化植被指数分别以 0.01 为增量统计对应区间的平均地表温度，并将统计值导入 Excel 中进行关系拟合，分别构建其与地表温度（LST）的数量关系，定量分析城市建设水平对地表热岛效应的影响；探讨不同城市建设密度下，NDVI 与 LST 的定量关系，明确不同基质背景地表温度的空间分异。

4.4.1　城市建设水平与地表温度的关系

图 4.7 为平均 LST 与平均 ISA 的拟合方程，两者呈现明显的正向线性关系且拟合程度较好，拟合方程均通过了 0.01 的显著性检验，方程的 R^2 达 0.750 7～0.864 1，平均 ISA 对地表温度的影响较大，城市建设水平能较好地解释地表温度的变化。ISA 每增加 0.01，LST 平均升高约 0.28 ℃（1987 年）、0.09 ℃（1996 年）、0.06 ℃（2007 年）和 0.81 ℃（2016 年）。

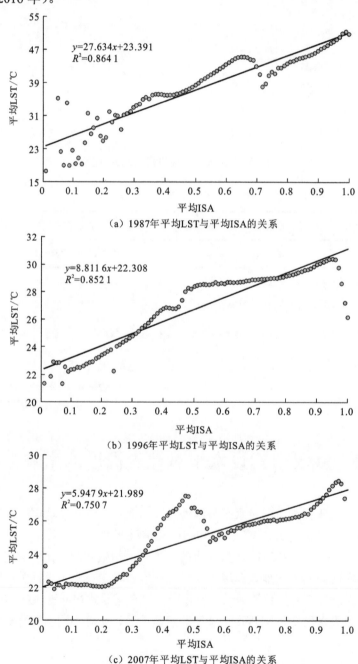

（a）1987年平均LST与平均ISA的关系

（b）1996年平均LST与平均ISA的关系

（c）2007年平均LST与平均ISA的关系

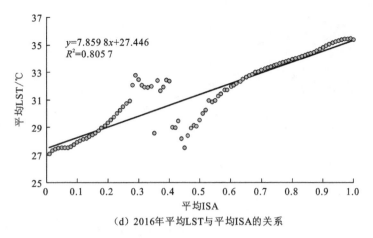

（d）2016年平均LST与平均ISA的关系

图4.7　武汉市 1987 年、1996 年、2007 年和 2016 年平均 LST 与平均 ISA 的关系

　　对比 4 个年份 ISA 与 LST 的回归结果，发现回归曲线表现出相似的变化规律，即当 ISA 达到 0.5 尤其是 0.7 之后，随着 ISA 的增加，LST 呈现明显的直线上升，ISA 在中密度建设区和高密度建设区能更好地解释 LST 的变化，城镇化水平的提高对城市热岛效应的形成和加剧有着明显的正向促进作用。而在非建设用地和低密度建设区，LST 随着 ISA 的增加呈现波动上升趋势，因为这些区域自然地表覆盖率较高，自然景观为该类生态环境的主导类型，表现出不同于城市地表覆盖的基质特征，削弱了 ISA 与 LST 之间的关系，LST 的影响因素更加复杂。结果证实 ISA 与 LST 的关系很大程度上会受到基质环境的影响，在城市基质背景下 ISA 对 LST 变化的解释能力明显强于其在自然基质背景下的解释能力。

　　图 4.8 是 1987 年、1996 年、2007 年和 2016 年武汉市市域范围内平均 NDVI 与 LST 的拟合关系，且拟合程度较高，线性回归方程的 R^2 为 0.777 7～0.986 3。二者在所有研究年份均呈现出明显的负线性相关，随着平均 NDVI 的增加，LST 呈现下降趋势；NDVI 每增加 0.01，LST 可降低约 0.17 ℃（1987 年）、0.07 ℃（1996 年）、0.18 ℃（2007 年）和 0.10 ℃（2016 年）。平均 NDVI 与 LST 之间良好的线性拟合关系证实，增加城市自然地表覆盖和植被覆盖程度的确能降低地表温度，有效缓解城市热岛效应。对比平均 ISA 和 NDVI 与 LST 的拟合关系，发现平均 NDVI 与 LST 的线性拟合程度比平均 ISA

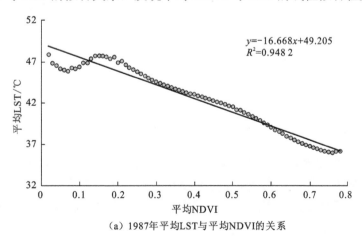

（a）1987年平均LST与平均NDVI的关系

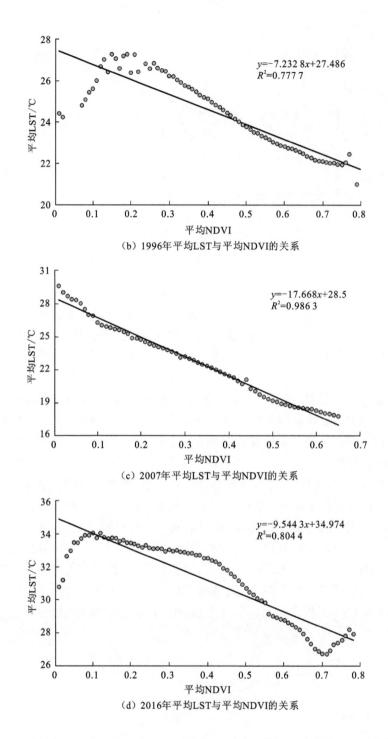

$y=-7.232\,8x+27.486$
$R^2=0.777\,7$

（b）1996年平均LST与平均NDVI的关系

$y=-17.668x+28.5$
$R^2=0.986\,3$

（c）2007年平均LST与平均NDVI的关系

$y=-9.544\,3x+34.974$
$R^2=0.804\,4$

（d）2016年平均LST与平均NDVI的关系

图 4.8　武汉市 1987 年、1996 年、2007 年和 2016 年平均 LST 与平均 NDVI 的关系

与 LST 的拟合程度更好，这同样是受到研究期内研究区域（武汉市市域）的整体基质特征影响；除建成区外，其他区域并未表现出典型的城市基质特征，自然景观对生态环境的主导作用依然存在，因此对不同建设密度背景下地表温度的变化及其影响因素进行分类讨论十分必要。

4.4.2 不同建设密度 LST 与 ISA 的关系

通过 4.4.1 小节的分析，发现武汉市市域 ISA 与 LST 的拟合关系较为密切，但两者关系变化并不平稳，不同密度建设区，LST 与 ISA 的关系存在差异。针对不同建设密度范围，分别对 LST 与相应区间的 ISA 进行定量研究，进一步探讨不同城市建设密度对两者关系的影响。

1. 1987 年不同建设密度 LST 与 ISA 的关系

图 4.9 展示了 1987 年武汉市不同建设密度范围内 LST 与 ISA 之间的线性拟合关系，能直观地反映不同基质背景下 LST 随着 ISA 增加的变化趋势。在中密度建设区、低密度建设区和高密度建设区，LST 与 ISA 呈现出正向线性相关，线性拟合方程的 R^2 为 0.240 4～0.978 9；拟合关系最强的是高密度建设区，ISA 的变化能解释其覆盖范围大约 98% 的 LST 的变化。城市建设密度的提高，对 LST 的升高有着一定的正向作用，尤其是在低密度建设区和高密度建设区，ISA 对 LST 的升温作用基本相同，即 ISA 每增加 0.01，LST 分别升高 0.414 ℃ 和 0.410 ℃。但在非建设用地，两者的拟合关系十分微弱，1987 年武汉市非建设用地成片分布在郊区，建设空间非常有限；在自然景观基质背景下，ISA 基本不具备对 LST 变化的解释能力；LST 受到基质特征及其他因素的影响更大。

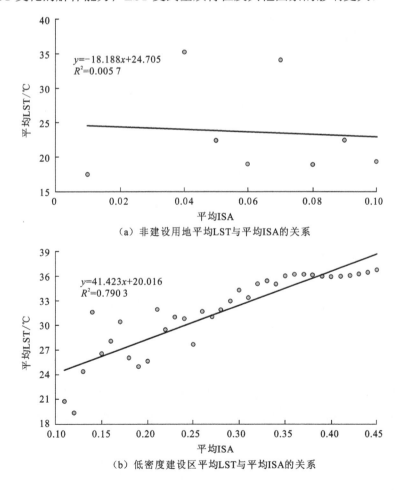

（a）非建设用地平均LST与平均ISA的关系

（b）低密度建设区平均LST与平均ISA的关系

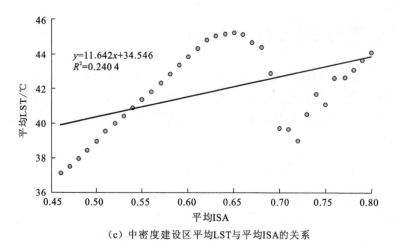

（c）中密度建设区平均LST与平均ISA的关系

（d）高密度建设区平均LST与平均ISA的关系

图 4.9　1987 年非建设用地、低密度建设区、中密度建设区及高密度建设区平均 LST
与平均 ISA 的关系

2. 1996 年不同建设密度 LST 与 ISA 的关系

图 4.10 为 1996 年武汉市不同建设密度覆盖范围 LST 与 ISA 之间的线性拟合关系，无论是在哪种建设密度背景下，两者均呈现正向相关关系。但不同建设密度范围内两者的拟合关系存在较大差异。在低密度建设区、中密度建设区和高密度建设区，LST 与 ISA 的线性拟合关系较强，回归方程的 R^2 为 0.780 3～0.952 1，ISA 的增加，能明显促进 LST 的升高。但在低密度建设区升温效果最为明显，ISA 每增加 0.01，LST 升高 0.15 ℃；高密度建设区和中密度建设区次之，升温幅度为 0.07 ℃和 0.03 ℃。1996 年武汉市非建设用地覆盖范围，LST 与 ISA 的拟合关系依然较弱，ISA 分布基本不能解释 LST 的变化；这与 1987 年的情况基本一致[图 4.2（a）和图 4.2（b）]，因为这两个年份武汉市建设和发展的重心均在主城区，郊区的自然植被及农田生态系统保留完整，对生态环境起着主导作用。

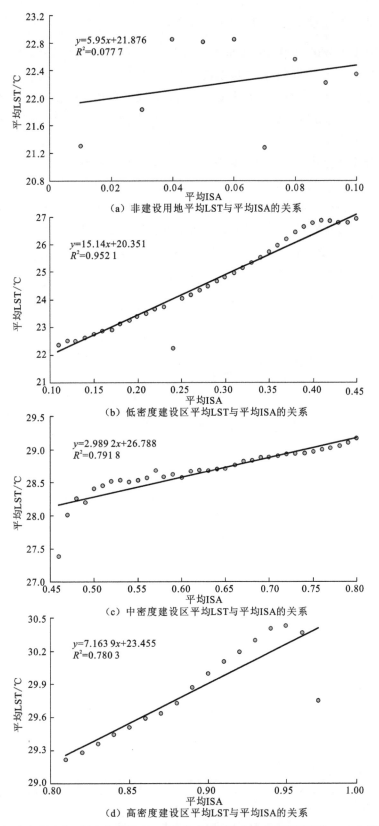

（a）非建设用地平均LST与平均ISA的关系

$y=5.95x+21.876$
$R^2=0.077\ 7$

（b）低密度建设区平均LST与平均ISA的关系

$y=15.14x+20.351$
$R^2=0.952\ 1$

（c）中密度建设区平均LST与平均ISA的关系

$y=2.989\ 2x+26.788$
$R^2=0.791\ 8$

（d）高密度建设区平均LST与平均ISA的关系

$y=7.163\ 9x+23.455$
$R^2=0.780\ 3$

图 4.10　1996 年非建设用地、低密度建设区、中密度建设区及高密度建设区平均 LST 与平均 ISA 的关系

3. 2007 年不同建设密度 LST 与 ISA 的关系

图 4.11 列出了 2007 年武汉市不同建设密度范围内 LST 与 ISA 之间的线性回归关系，两者的关系在低密度建设区和高密度建设区拟合程度较高，回归方程的 R^2 为 0.900 6 和 0.867 7，建设水平的提高对地表温度变化有着正向推动作用；但在高密度建设区 ISA 的增温效果比低密度建设区略好，当 ISA 每增加 0.01，高密度建设区和低密度建设区的 LST 分别上升 0.14 ℃和 0.13 ℃。与 1987 年和 1996 年相比，2007 年非建设用地覆盖区 LST 与 ISA 的拟合关系变强，一方面，春季研究区地表温度差距缩小，一定程度上会增强两者的关系；另一方面，从 1987 年到 2007 年，武汉市市域基质特征发生了明显变化，城市建设已扩张至近郊甚至远郊，不透水地表对热环境的影响范围也随之扩大，但其作用却被自然地表覆盖的影响平抑或逆转，呈现负向作用。值得注意的是，中密度建设区随着 ISA 从约 0.55 开始增加，LST 呈现明显的协同上升趋势，但 LST 与 ISA 整体上表现出负相关，部分受到城市建设密度级别划分阈值的影响。

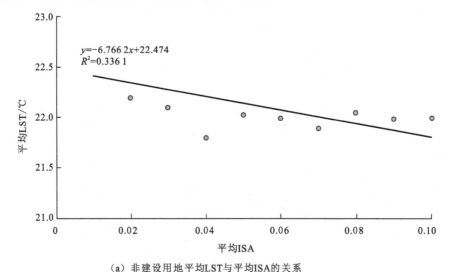

（a）非建设用地平均LST与平均ISA的关系

（b）低密度建设区平均LST与平均ISA的关系

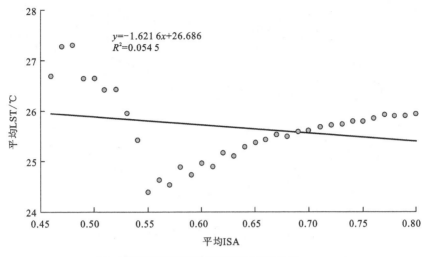

（c）中密度建设区平均LST与平均ISA的关系

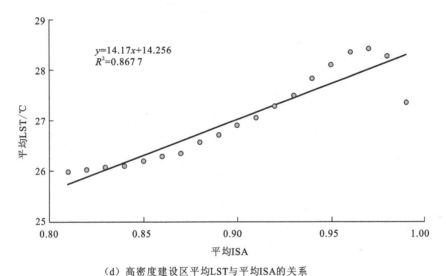

（d）高密度建设区平均LST与平均ISA的关系

图 4.11　2007 年非建设用地、低密度建设区、中密度建设区及高密度建设区平均 LST 与平均 ISA 的关系

4. 2016 年不同建设密度 LST 与 ISA 的关系

图 4.12 为 2016 年武汉市不同建设密度等级下 LST 与 ISA 的线性拟合。4 种建设密度等级下，LST 与 ISA 之间均呈现正向相关性，不管城市化进度如何，ISA 均对 LST 表现出正向促进作用。在非建设用地、中密度建设区及高密度建设区内，两者的拟合程度较高，相关线性回归方程的 R^2 分别为 0.877 3、0.930 6 和 0.973 9；其中高密度建设区，ISA 对 LST 的拟合关系最强，ISA 能解释区域内 97.39% 的 LST 变化。但随着 ISA 的增加，中密度建设区 LST 增幅最大，ISA 每增加 0.01，LST 上升 0.15 ℃；其次为高密度建设区和非建设用地，分别上升 0.086 ℃和 0.071 ℃。但在低密度建设区，两者的关系并不紧密，拟合方程的 R^2 仅为 0.146 3，因为 2016 年武汉市低密度建设区（图 4.2 和表 4.3）分布范围最广，两者的关系受到环境空间异质性的影响较大。

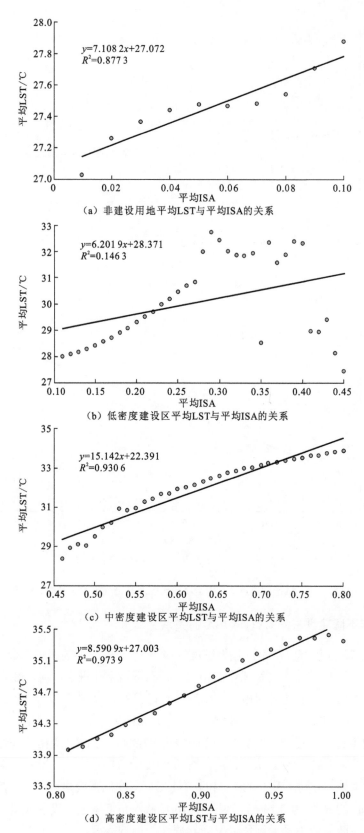

（a）非建设用地平均LST与平均ISA的关系

（b）低密度建设区平均LST与平均ISA的关系

（c）中密度建设区平均LST与平均ISA的关系

（d）高密度建设区平均LST与平均ISA的关系

图4.12　2016年非建设用地、低密度建设区、中密度建设区及高密度建设区平均LST与平均ISA的关系

4.4.3 不同建设密度 LST 与 NDVI 的关系

由于研究区基质特征对地表温度变化的影响，探讨不同城市建设密度下自然植被覆盖对地表温度的影响非常重要。为进一步明确不同基质条件下地表温度的变化规律及影响因素，对不同城市建设密度下 LST 与 NDVI 的关系进行定量研究。

1. 1987 年不同建设密度 LST 与 NDVI 的关系

借助 ArcGIS 软件分别对武汉市不同研究时期的 4 个城市建设密度等级下的 NDVI 进行 0.01 增量分级，区域统计（zonal analysis）相应的平均 LST，并在 Excel 中进行相关性分析。图 4.13 列出了 1987 年武汉市不同建设密度范围内 LST 与 NDVI 的统计关系和拟合方程。从图 4.13 中可以看出，无论哪种建设密度等级下，LST 与 NDVI 之间均呈现出负相关性，说明不管城市化水平如何，城市发展程度强弱，自然植被覆盖对温度的调节和城市热岛效应的缓解作用一直存在。但是在不同建设密度范围内，植被覆盖与地表温度的关系存在明显的差异，两者拟合方程的 R^2 在非建设用地、低密度建设区、中密度建设区、高密度建设区内分别为 0.834 4、0.661 7、0.348 1、0.306 3；非建设用地，LST 与 NDVI 的相关性最强，随着建设密度加大，城市基质特征的影响越来越大，两者的相关性逐步减弱。而在不同建设密度基质下，NDVI 对 LST 的降温幅度也不同，降温效果顺序为：非建设用地>中密度建设区>低密度建设区>高密度建设区；NDVI 每增加 0.01，非建设用地、低密度建设区、中密度建设区、高密度建设区的平均 LST 分别下降约 0.099 ℃、0.071 ℃、0.090 ℃、0.065 ℃。

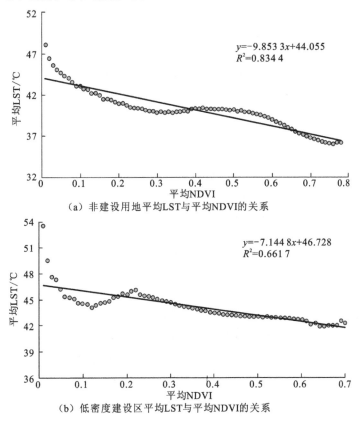

（a）非建设用地平均LST与平均NDVI的关系

（b）低密度建设区平均LST与平均NDVI的关系

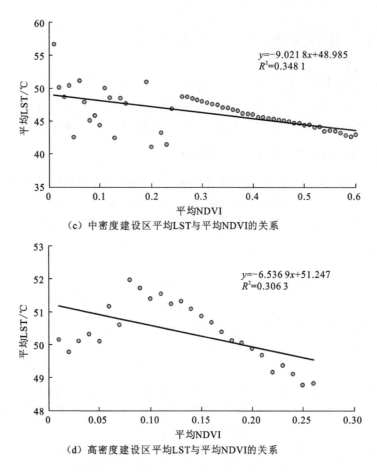

（c）中密度建设区平均LST与平均NDVI的关系

（d）高密度建设区平均LST与平均NDVI的关系

图 4.13 武汉市 1987 年不同城市建设密度下平均 LST 与平均 NDVI 的关系

2. 1996 年不同建设密度 LST 与 NDVI 的关系

图 4.14 为 1996 年武汉市非建设用地、低密度建设区、中密度建设区和高密度建设区 NDVI 与 LST 的线性拟合关系。不同建设密度范围，LST 与 NDVI 均呈现负相关关系，NDVI 的增加能在一定程度上减缓 LST 的上升，对城市热岛效应具有缓解作用。但两者的拟合程度在不同建设密度区域差异很大，拟合程度最好的是在高密度建设区，拟合方程的 R^2 达到 0.991 2；结合图 4.2（b）可知，相比其他年份各建设密度等级的空间分布，1996 年的高密度建设区最为集中且基质特征表现最为突出，即在高密度建设区，较少间杂有其他建设密度等级的用地分布，能较好地体现出高密度建设区对生态环境的控制性作用，表明 NDVI 在同质性高的建成区对 LST 有着显著影响。在低密度建设区、中密度建设区和非建设用地，LST 与 NDVI 线性拟合方程的 R^2 分别为 0.870 7、0.537 2 和 0.439 1，差别明显。不同建设密度范围内 NDVI 的降温效果差别较大，NDVI 每升高 0.01，非建设用地、低密度建设区、中密度建设区和高密度建设区的平均 LST 分别下降 0.017 ℃、0.102 ℃、0.055 ℃、0.058 ℃，植被降温效果顺序为低密度建设区>高密度建设区>中密度建设区>非建设用地。

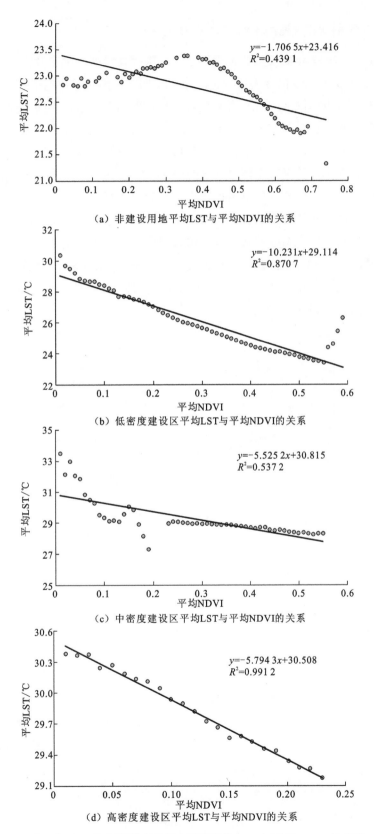

（a）非建设用地平均LST与平均NDVI的关系

（b）低密度建设区平均LST与平均NDVI的关系

（c）中密度建设区平均LST与平均NDVI的关系

（d）高密度建设区平均LST与平均NDVI的关系

图 4.14　武汉市 1996 年不同城市建设密度下平均 LST 与平均 NDVI 的关系

3. 2007 年不同建设密度 LST 与 NDVI 的关系

图 4.15 为 2007 年武汉市非建设用地、低密度建设区、中密度建设区和高密度建设区 LST 与 NDVI 的线性拟合关系。与其他研究年份相比，2007 年两者的拟合关系总体来说更为紧密，这也可以从图 4.8 得到佐证；且两者拟合关系在不同建设密度区间的差别也最小，拟合方程的 R^2 在非建设用地、低密度建设区、中密度建设区、高密度建设区分别为 0.911、0.793、0.637 3 和 0.959，NDVI 对 LST 的解释能力较为稳定。这是因为 2007 年遥感影像为春季，武汉市市域内气温的变化区间较其他年份更小（参照图 3.1），同样在不同建设密度区气温的变化范围也较小，在 NDVI 稳定的情况下，两者的拟合程度更好，但基质条件对两者关系的影响依然存在。NDVI 与 LST 均呈现显著负相关关系，植被覆盖度的提高对地表温度的降温效果较为明显，但不同建设密度区的效果存在差异，具体为非建设用地>中密度建设区>低密度建设区>高密度建设区；NDVI 每升高 0.01，非建设用地、低密度建设区、中密度建设区和高密度建设区的平均 LST 分别下降 0.161 ℃、0.149 ℃、0.160 ℃和 0.117 ℃。

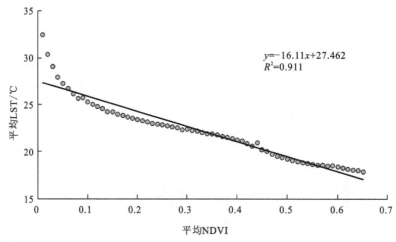

（a）非建设用地平均LST与平均NDVI的关系

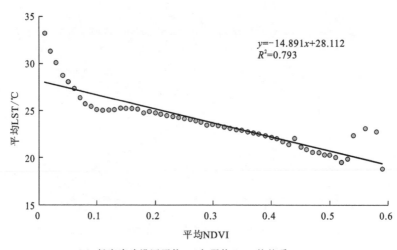

（b）低密度建设区平均LST与平均NDVI的关系

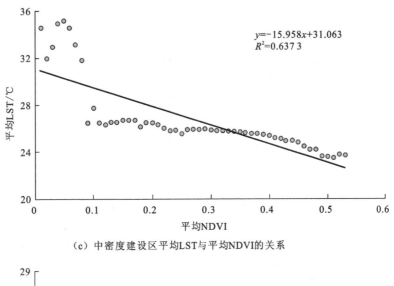

（c）中密度建设区平均LST与平均NDVI的关系

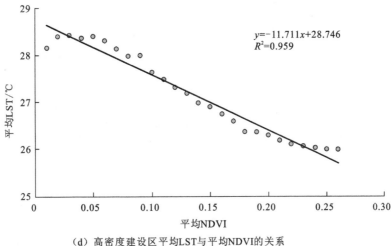

（d）高密度建设区平均LST与平均NDVI的关系

图 4.15　武汉市 2007 年不同城市建设密度下平均 LST 与平均 NDVI 的关系

4. 2016 年不同建设密度 LST 与 NDVI 的关系

图 4.16 为 2016 年非建设用地、低密度建设区、中密度建设区和高密度建设区 LST 与 NDVI 的线性拟合关系。2016 年武汉市城市化和建设水平为 4 个年份最高，高密度建设区和中密度建设区的覆盖面积比例较前三个年份明显提高，且覆盖范围已扩张到武汉市郊区，使得原来连片的农田、山体等自然景观基质被切割，建设用地的基质作用开始凸显，从而影响到 LST 与 NDVI 的拟合程度。在非建设用地、低密度建设区、中密度建设区、高密度建设区两者线性回归方程的 R^2 分别为 0.550 1、0.428 6、0.894 7、0.961 5，两者关系的拟合程度在中密度建设区和高密度建设区明显优于非建设用地和低密度建设区。但植被覆盖增加对地表温度的负向作用依然明显，而不同城市建设密度区其作用差异较大，具体为中密度建设区>高密度建设区>低密度建设区>非建设用地；NDVI 每增加 0.01，非建设用地、低密度建设区、中密度建设区和高密度建设区的平均 LST 分别下降约 0.021 ℃、0.046 ℃、0.151 ℃、0.060 ℃。

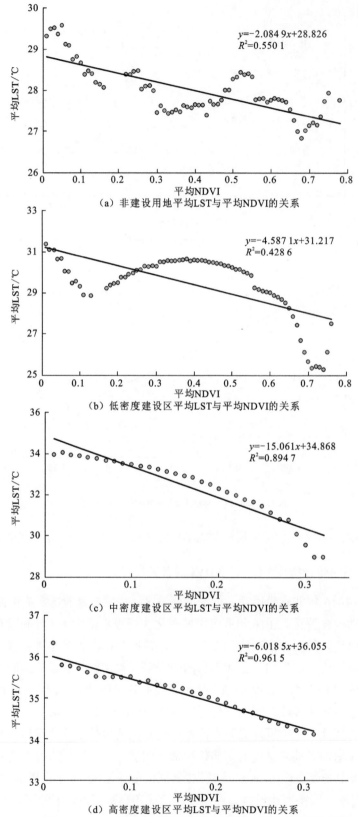

（a）非建设用地平均LST与平均NDVI的关系

（b）低密度建设区平均LST与平均NDVI的关系

（c）中密度建设区平均LST与平均NDVI的关系

（d）高密度建设区平均LST与平均NDVI的关系

图 4.16　武汉市 2016 年不同城市建设密度下平均 LST 与平均 NDVI 的关系

4.5 本章小结

 本章利用 ISA 定量城市建设水平，并通过定义 ISA 阈值划分武汉市建设密度，探讨武汉市建设水平及城市建设密度对地表温度及城市热岛效应的影响。结果表明，ISA 的确能量化城市建设水平，能有效反映城市建设程度和发展水平的空间异质性，即不透水面指数的高值区主要集中于武汉市主城区及郊区的建成区，而低值区多分布在以农田或森林等自然覆盖特征为主的武汉市郊区。随着城市化的逐步推进，非建设用地面积剧减，1987~2016 年共减少 1 760 km²；与此同时，中密度建设区和高密度建设区覆盖面积则大幅度增加，分别增加了 1 446.1 km² 和 1 190.7 km²，增幅达到 1299.3%和 682.0%。29年间，武汉城市建设和扩张明显，某种程度上说，武汉城市化的过程就是农用地等自然景观不断减少的过程。

 随着城市建设密度的提高，对应基质的地表温度也随之增加，各建设密度级别的地表温度为高密度建设区＞中密度建设区＞低密度建设区＞非建设用地；高密度建设区、中密度建设区、低密度建设区的平均地表温度明显高于非建设用地的平均地表温度，差值分别达 6.67~13.53 ℃、5.79~9.97 ℃和 2.87~6.51 ℃。4 个研究年份，高密度建设区基本被高温区和次高温区所覆盖，覆盖率达 92.4%~100%；而非建设用地多表现出低温区和次低温区，比例为 51.0%~66.2 %，建设密度对城市地表温度及热岛效应的影响显著。研究区内，不透水面指数与地表温度的回归结果显示，两者呈现明显的正向线性关系且拟合程度较好，回归方程的 R^2 达 0.750 7~0.864 1，城市建设水平能较好地解释地表温度的变化。但两者的线性关系并不平稳，当 ISA 达到 0.5 尤其是 0.7 之后，两者的关系更为密切，而在城市建设水平较低时，两者的关系则更为复杂，说明两者的关系明显受到基质特征的影响。

 进一步对不同研究年份不同建设密度（非建设用地、低密度建设区、中密度建设区及高密度建设区）范围 LST 与 ISA 的关系进行定量分析，发现不同建设密度区，两组关系差异明显。总体来看，LST 与 ISA 在高密度建设区拟合程度均较高，回归方程的 R^2 达 0.780 3~0.978 9，在以人工地表为主导的城市基质条件下，ISA 的增加能很好地解释相应区域 LST 的变化。非建设用地空间布局的改变使得 LST 与 ISA 的关系并不稳定，1987 年和 1996 年因武汉市总体建设水平不高，且城市建设主要集中于建成区，郊区非建设用地对环境生态起着控制作用，平抑或逆转了 ISA 对该区域 LST 的影响，非建设用地范围两者拟合方程的 R^2 为 0.005 7 和 0.777 7；随着城市化的推进和建设用地的扩张，武汉市整体环境基质发生改变，非建设用地 ISA 对 LST 的影响增强，两者的关系也更为紧密，到 2016 年，两者拟合关系的 R^2 达 0.877 3。而低密度建设区和中密度建设区，LST 与 ISA 的关系较为复杂，通过对比不同年份 LST 与 ISA 的拟合曲线图，发现两者的关系很大程度上是受到建设密度划分阈值的影响。由于不同时期研究区内部整体基质发生了明显变化，且建设程度和速度也呈现明显的空间异质性，建设密度阈值也需要随之调整。同时，对不同建设密度区的 LST 与 NDVI 进行回归分析，1987 年，当武汉市自然景观集中且覆盖比例广阔时，非建设用地内 NDVI 与 LST 的线性关系最强，而高密度建设区两者关系最弱；城市化引起覆盖特征及基质环境改变，不同建设密度范围也有所改变，NDVI 与 LST 的关系也更为复杂。

综上，不同研究年份、不同建设密度区的 LST 与 ISA 及 NDVI 的关系差异明显，不透水地表比例及植被覆盖特征对地表温度的影响不仅受到所在基质的影响，更受到武汉市整体环境基质特征的影响。而随着城市化的推进，从 1987 年到 2016 年，武汉市整体基质由原来自然景观为主导改变为以人工地表为主导，基质背景的改变如何影响 LST 与 ISA、NDVI 的关系，其影响机制尚不明确，深入探讨武汉市城市化及基质改变对地表温度及热岛时空演变的动态影响十分必要。

第5章 城市扩张对热场时空演变的驱动机制

城市化及城市建设对地表温度和城市热岛效应有着明显的正向促进作用；城市扩张使大量的耕地、自然植被、水体等自然地表转变成建筑物、道路、停车场等人工地表，不透水面面积的增大和自然地表面积的减少改变了城市原有的地表覆盖和基质特征，从而影响城市地表热量的存储和传输，加剧城市热岛效应。如今，城市化进程不断加快，城市热岛强度不断增加，城市环境不断恶化，深入分析城市扩张对城市热场时空分布的动态影响，明确城市热岛效应形成与演变的动态机制，对探求城市热岛效应缓解对策、改善城市生态环境质量意义重大。

众多学者基于多时相遥感影像，选用不透水面指数定量城市化水平，对比不同时相不透水面与地表温度空间分布的关系（谢启姣 等，2017；Liu and Zhang，2011；Hamdi，2010），结果表明，随着城市化水平的提高，建设用地面积不断增加，城市热岛范围和热岛强度也随之加大（Li et al.，2017；Santamouris，2015）。这类研究量化了不同时相的城市发展和城市热岛特征，对空间城市化及城市热岛空间变化进行了直观的诠释，明确了城市扩张对城市热岛演变的促进作用，为城市化与城市热岛的关系研究提供了新的视角。但是相关研究探讨城市化对城市热岛时空特征的影响机制是以不同时间点的静态对比为基础，前者对后者的空间影响机制是基于像元，但演变驱动机制依然是以整个研究区为样本，忽略了像元的热场演变对城市扩张的响应，城市扩张对城市热场时空演变的驱动机制尚不清晰（Doana et al.，2019；Deilamia et al.，2018；Bernard et al.，2017；谢启姣 等，2016）。

本章以武汉城市热岛效应最明显的主城区为研究对象，运用 Landsat TM 遥感影像提取城市特征、反演地表温度，选取不透水面指数定量表征城市建设水平、正规化地表温度等级定义城市热岛，探讨武汉城市建设对城市热岛空间分布的影响，并运用武汉城市不透水面差值影像和正规化地表温度差值影像探讨 1987～2016 年武汉城市扩张对地表热场时空演变特征的影响。对城市化与城市热岛及热场特征的动态变化进行定量表征，有助于更好地理解城市扩张对城市热场时空演变的驱动机制，为城市热岛效应缓解和城市生态研究提供新的思路，为城市规划和决策者制定政策、改善城市环境提供依据。

5.1 研究方法

5.1.1 研究区域与数据来源

城市化的快速发展对当地气候变化造成影响，武汉市已成为城市热岛效应显著的典型城市，因此本研究主要集中于武汉市内热岛效应最显著的（现）主城区，即三环线内区域（包括局部外延的沌口、武钢等区域），总面积约为 680 km^2。数据选择 1987 年 9

月 26 日、1996 年 10 月 4 日、2007 年 4 月 10 日的 Landsat 5 影像及 2016 年 7 月 23 日的 Landsat 8 影像。

5.1.2 热场时空演变

按照第 3 章地表温度遥感反演的方法（3.1.1 小节），对四期遥感影像进行地表温度估算，为使不同时期城市热场演变的范围和强度更为直观，在 ArcGIS 10.2 中将 1987 年、1996 年、2007 年和 2016 年主城区正规化地表温度分布图进行差值处理（方法见 3.1.2 小节），生成 1987～1996 年、1996～2007 年、2007～2016 年和 1987～2016 年四个时期的正规化地表温度差值影像图，并参考表 3.1 划分热环境状况变化分级。

5.1.3 城市扩张程度

城市中的不透水面主要包括具有人工特点的道路、停车场、硬质铺装、建筑屋顶等硬化地表，它是定量城市化水平和城市扩张的重要指标，本章选择不透水面指数差值定量武汉城市不同时期发展水平及城市扩张程度，可表示为

$$ISA_{var} = ISA_{y_2} - ISA_{y_1} \tag{5.1}$$

式中：ISA_{var} 为一段时期内像元 ISA 的差值；ISA_{y_2} 和 ISA_{y_1} 分别为相应时期末和时期初像元的 ISA。ISA_{var} 的变化范围为 -1～1。ISA_{var} 为正，表示研究期像元建设密度增加；ISA_{var} 为负，表示像元自然地表覆盖密度增加。

5.2 1987～2016 年武汉城市扩张特征

5.2.1 不同年份武汉城市建设空间特征

不透水面指数作为定量城市建设程度和城市扩张的重要指标，能较好地反映城市地表及下垫面特征的空间异质性。图 5.1 为遥感反演的 1987 年 9 月 26 日、1996 年 10 月 4 日、2007 年 4 月 10 日和 2016 年 7 月 23 日武汉市主城区不透水面（ISA）指数的空间分布（水体被剔除），取值范围为 0～1，ISA 越接近 0，表示像元地表自然覆盖率越高，不透水面指数越低；越接近 1，表明硬化地表覆盖率越高。由图 5.1 中可以看出，不同时期的 ISA 空间分布呈现出一定的规律，即 ISA 较高的区域都分布在相应时期的建成区，覆盖范围多为高度发展的中心商业区、人口密集的住宅区或者工业集中区等，自然地表被水泥、沥青、混凝土等硬质材料所代替，城市建筑密集、建设强度较大，呈现典型的人工覆盖特征；而 ISA 较低的区域多分布在农田、森林及城市绿地等自然地表，自然覆盖特征明显。但是对比不同时期的 ISA 空间分布，代表高 ISA 的区域不断扩张，面积不断增大，说明研究区内经历了持续的城市化过程，尤其是 1996～2007 年的变化最大，城市扩张最为明显，到 2016 年，除武汉东湖风景区内的大型山体未被开发外，其他用地基本

表现为城市基质特征。

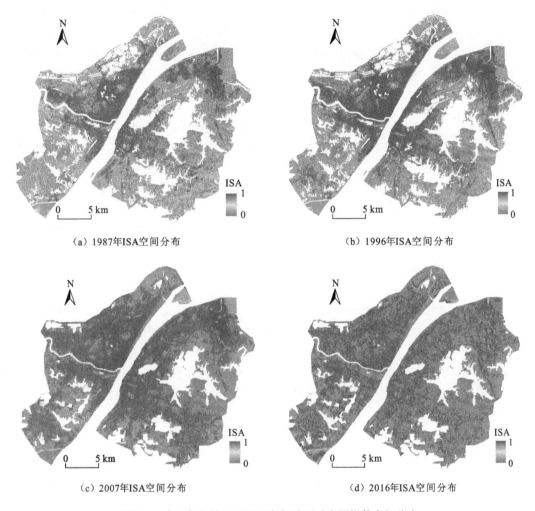

（a）1987年ISA空间分布　　　　　　　　　（b）1996年ISA空间分布

（c）2007年ISA空间分布　　　　　　　　　（d）2016年ISA空间分布

图 5.1　武汉市主城区不同研究年份不透水面指数空间分布

　　为定量比较研究区不同时期的整体城市建设程度，对 1987 年、1996 年、2007 年和
2016 年的不透水面指数平均值和标准差进行统计（表 5.1）。1987 年和 1996 年平均 ISA
差别不大，分别为 0.476 和 0.494，说明这两个时期研究区处于中度城市化水平，整体建
设强度并不大，自然地表覆盖仍然占有一定的比例，这可从图 5.1（a）和图 5.1（b）中
得到证实；到 2007 年和 2016 年，平均 ISA 达到 0.716 和 0.683，研究区城市发展密度加
大，处于较高城市化水平，自然地表逐步被硬化地表所代替。值得注意的是，2016 年平
均 ISA 较 2007 年较低，这并不意味着总体城市化水平下降。一方面，这一时期研究区
建设用地已趋饱和，城市建设的重点已开始向三环外扩张；另一方面，城市规划管理开
始注重生态效益，实施城市湖泊保护和大型城市公园绿地建设等措施恢复了部分生态功
能，减缓了研究区城市发展速度。图 5.1（d）中高 ISA 范围已基本覆盖整个研究区，但
较图 5.1（c）更为破碎可以印证这一点。ISA 的标准差能反映研究区内标准差的变化情
况，标准差越大，数据离平均值左右波动较大，说明 ISA 变化幅度较广，城市内部建设

强度差异大。由表 5.1 可知，1987 年和 1996 年，标准差较大，分别为 0.372 和 0.357，主要是因为这两个年份的城市化水平较低，内部差异较大。2007 年标准差为 0.285，为 4 个研究年份最小，但平均 ISA 为 0.716，为 4 个研究年份最大值，说明这一时期研究区内部总体 ISA 处于高值且变化范围较小，城市整体建设程度较高且较为均匀。2016 年的标准差为 0.324，较 2007 年高，正好说明实施生态保护策略使得原来成片的建设用地因为增加的自然地表覆盖变得破碎，从而使研究区内部 ISA 变化幅度加大。

表 5.1　不同年份不透水面指数统计

项目	1987 年		1996 年		2007 年		2016 年	
	平均值	标准差	平均值	标准差	平均值	标准差	平均值	标准差
值	0.476	0.372	0.494	0.357	0.716	0.285	0.683	0.324

5.2.2　不同时期武汉城市扩张特征

从不同年份的 ISA 空间分布可以看出，1987～2016 年武汉主城区经历了明显的城市化过程，建设用地面积不断增加，范围不断扩张。ISA 能有效表征城市不透水地表的覆盖程度及建设密度，其差值能一定程度上反映出城市覆盖特征和建设密度的变化，对 1996 年与 1987 年、2007 年与 1996 年、2016 年与 2007 年及 2016 年与 1987 年间不透水面值进行差值运算，表 5.2 统计了各个时期不透水面差值影像图的平均值和标准差。ISA 差值影像取值范围为-1～1，数值为负时，表明该像元自然地表覆盖增加，或建设用地缩减，且绝对值越大，缩减越明显；数值为正时，表示该像元建设强度增加，数值越大，扩张越明显。从表 5.2 中可知，1987～2016 年，武汉市主城区 ISA 差值为 0.356，城市建设程度和密度增幅较大，城市扩张明显；标准差为 0.457，表明 ISA 差值变化幅度较广，呈现出典型的空间异质性。1987～1996 年和 1996～2007 年，ISA 差值分别为 0.132 （标准差 0.319）和 0.204（标准差为 0.364），总体上，城市建设不断推进，建设密度逐步增加，主城区处于建设加强和城市扩张的趋势；2007～2016 年，ISA 差值为-0.052（标准差为 0.340），为 4 个时期唯一的负值，意味着这一时期主城区自然地表覆盖有小幅度的增加，主城区的城市建设有所遏制。但不同时期标准差均较大，都超过了相应时期的 ISA 差值的平均值，说明 ISA 的变化在空间上极不均衡，即主城区内不同空间建设程度和密度变化趋势差异较大。

表 5.2　不同时期不透水面指数差值统计

项目	1987～1996 年		1996～2007 年		2007～2016 年		1987～2016 年	
	平均 ISA_{var}	标准差	平均 ISA_{var}	标准差	平均 ISA_{var}	标准差	平均 ISA_{var}	标准差
值	0.132	0.319	0.204	0.364	-0.052	0.340	0.356	0.457

为更加直观地展示研究区不同时期城市扩张的方向、面积和范围，得到 1987～1996

年、1996～2007 年、2007～2016 年及 1987～2016 年的不透水面差值影像图。表现在图面上，正值覆盖区域表示相应时期内城市建设的扩张方向，高值区为新增建设用地范围，中值区表示城市建设强度加大；负值区则是城市公共绿地增加的主要范围。

1. 1987～1996 年主城区城市扩张

对武汉市主城区 1996 年和 1987 年的 ISA 进行差值运算，得到 1987～1996 年各像元 ISA 差值影像图[图 5.2（a）]，并对 ISA 差值区间进行直方图统计[图 5.2（b）]。从图 5.2（b）可以看出，这一时期 ISA 差值主要分布在区间 0～0.2，该区间的像元数占总像元数的 37.1%；其次为区间 0.2～0.4，像元数所占比例为 25.1%；接下来为区间-0.2～0 和 0.6～0.8，分别占比为 11.8%和 11.5%。总体来看，1987～1996 年，74%的像元集中

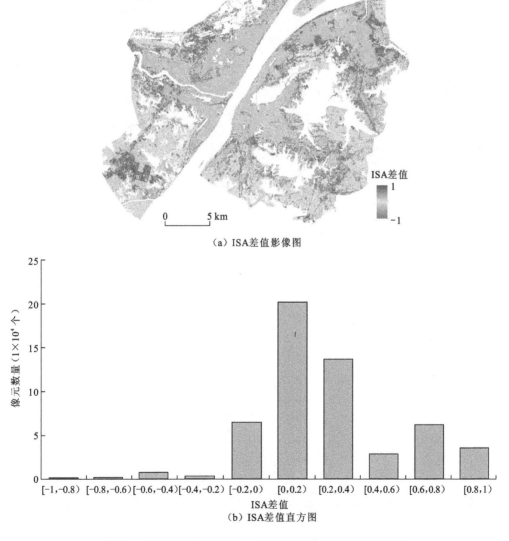

图 5.2　武汉市主城区 1987～1996 年 ISA 差值影像及直方图

在 ISA 差值-0.2~0.4 的范围，结合图 5.2（a）可知，这部分像元主要分布在武汉市的建成区，ISA 的增加主要是原有建设用地范围内建设密度的增加。另外这一时期有 18.1% 的范围 ISA 差值为 0.6~1，这部分为城市高速发展和快速扩张的区域，主要是汉口火车站及发展大道沿线，武昌和平大道、友谊大道青山方向，汉阳沿龙阳大道沿线，直至新建的武汉经济技术开发区。可见这个时期城市的扩张主要是沿着城市主要干道扩张，对城市道路交通的依赖性比较大，整体呈现线性扩张。

2. 1996~2007 年主城区城市扩张

图 5.3 为 1996~2007 年各像元 ISA 差值影像及 ISA 差值各区间的直方图统计结果。

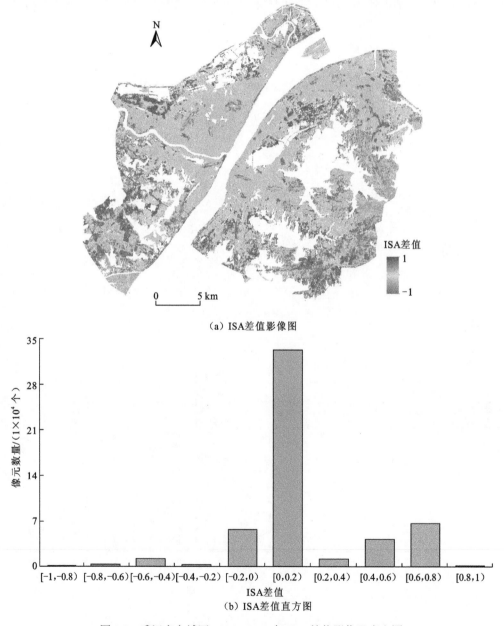

（a）ISA差值影像图

（b）ISA差值直方图

图 5.3　武汉市主城区 1996~2007 年 ISA 差值影像及直方图

结合图 5.3（a）和图 5.3（b）可知，覆盖面积最广的是 ISA 差值区间 0~0.2，占总面积的 62.4%，其覆盖范围从武汉市建成区蔓延至二环线，既有原建设用地范围建设密度增加的原因，也有城市缓慢扩张导致的不透水面地表增加。这一时期 ISA 差值区间 0.6~0.8 的覆盖比例达到 12.5%，为四个时期之最，表明相应时期内城市扩张强度最大，范围最广。这个时期城市化速度明显加快，汉正街都市工业园区、（武汉）东风本田汽车有限公司、武汉（新）火车站、光谷软件园等大型城市建设项目成为商业、工业等建设的主要方向；常青花园组团、光谷组团、南湖组团、沌口组团、沙湖周围小区等大型房地产建设也成为这个时期城市扩张的另一推动力。1996~2007 年总体形成以武汉（新）火车站、光谷软件园、常青花园、沌口等为中心的片状扩张趋势[图 5.3（a）]，建设强度大，城市扩张迅速。

3. 2007~2016 年主城区城市扩张

图 5.4 为 2007~2016 年间各像元 ISA 差值影像及直方图统计结果。ISA 差值主要集中于区间-0.2~0（39.4%）和区间 0~0.2（30.1%），即 69.5%的区域城市建设情况为较平稳的状态；这一时期 ISA 差值区间-0.8~-0.6 的像元及区域达到 12.5%，远远高于其他研究时期，表明这个时期城市扩张总体有缩减的趋势，城市绿地增加使得像元平均 ISA 有所减小，主要是由于研究区土地有限，这个时期城市扩张的主要方向已经开始转向三环外，导致 ISA 没法继续增加。但是这个时期仍然是房地产蓬勃发展的阶段，城市建设需求十分旺盛，仍然有 11.6%的区域 ISA 差值超过 0.6；正因为城区能用于建设的土地不足，填湖用于房地产建设成为主要的扩张方向，导致南湖、野芷湖、墨水湖、龙阳湖甚至东湖等城市湖泊水面，都被不同程度的填埋。

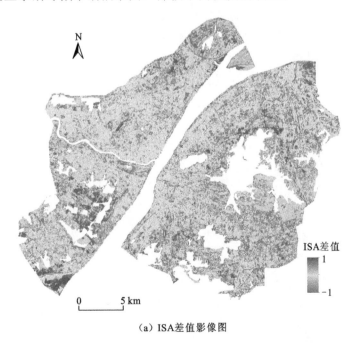

（a）ISA差值影像图

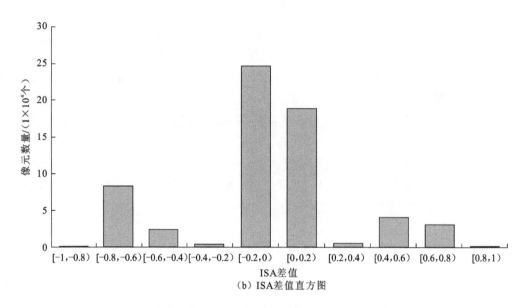

（b）ISA差值直方图

图 5.4　武汉市主城区 2007～2016 年 ISA 差值影像及直方图

4. 1987～2016 年主城区城市扩张

图 5.5 为 1987～2016 年各像元 ISA 差值影像及直方图统计结果。总体上，ISA 变化明显，ISA 差值小于 0 即城市建设密度减小的区域只占整个研究区的 13.4%；其他 86.6%的区域 ISA 差值大于 0，经历了不同程度的城市继续建设或扩张。ISA 差值处于区间 0.6～0.8 和区间 0.8～1 的分别占研究区的 11.9%和 25.6%，表明研究区城市扩张明显，结合图 5.5（a）可知，城市以原建成区为中心逐步向外扩张，研究期内主城区基本为建设用地。但由于 2007～2016 年政府对原建成区进行了旧城改造，拓展街面闲置用地，实施"见缝插绿""拆墙透绿"等一系列整治措施，使得不同规模的绿地、水体等自然地表不断渗透到原有的城市基质中，降低了不透水地表覆盖比例，使得部分区域 ISA 明显减小，整个研究期有 3.1%和 4.7%的区域 ISA 差值处于区间-0.8～-0.6 和区间-0.6～-0.4。

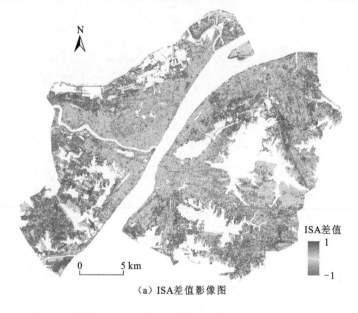

（a）ISA差值影像图

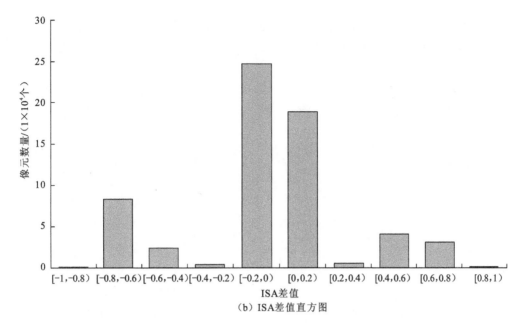

（b）ISA差值直方图

图 5.5　武汉市主城区 1987～2016 年 ISA 差值影像及直方图

5.3　1987～2016 年武汉主城区热场空间特征及时空演变

正规化地表温度为无量纲化数值，能反映地表温度的相对高低，使得不同时相的热场空间分布特征具有可比性。

5.3.1　不同年份武汉热场空间特征

图 5.6 为武汉市主城区 1987 年、1996 年、2007 年和 2016 年正规化地表温度空间分布，取值范围为 0～1，对应地表温度由低到高的渐变。从图 5.6 中可以看出，武汉市不同时期城市热场状况表现出相似的分布规律，即代表高温和次高温的区域主要分布在相应时期城市人口集中、高楼林立、道路密集、建筑密度大的武汉建成区或者工业集中、厂房众多的武钢工业区，表现出明显的热岛效应；而长江、汉江，东湖、南湖、沙湖、墨水湖等大型城市水体则被代表低温的蓝色所覆盖，形成城市典型的低温廊道和"冷岛"中心。但是不同时期的正规化地表温度空间格局尤其是热岛范围却表现出明显的差异，1987 年 [图 5.6（a）] 城市高温主要集中在武汉市武钢工业区，汉口的解放大道、中山大道沿线，武昌的临江大道、和平大道、友谊大道沿线，热岛范围主要分布在武汉市一环线内，呈现点状和线状分布格局；1996 年 [图 5.6（b）] 武汉市二环线内建设用地和武钢工业区都表现出明显的高温特征，且热岛范围沿汉口建设大道、发展大道和武昌民主路、武珞路等主要干道明显扩张，热岛分布呈现出明显的片状格局；2007 年 [图 5.6（c）] 武汉市主城区除城市大型江河湖泊及东湖周围山体区域外，其他均表现出明显的城市热岛特征，热岛呈现面状格局，强热岛中心出现在武钢工业区；2016 年 [图 5.6（d）] 热岛分

布大致保持与 2007 年类似的面状格局,但武汉经济技术开发区和汉正街都市工业区附近被高温覆盖,形成新的强热岛中心。

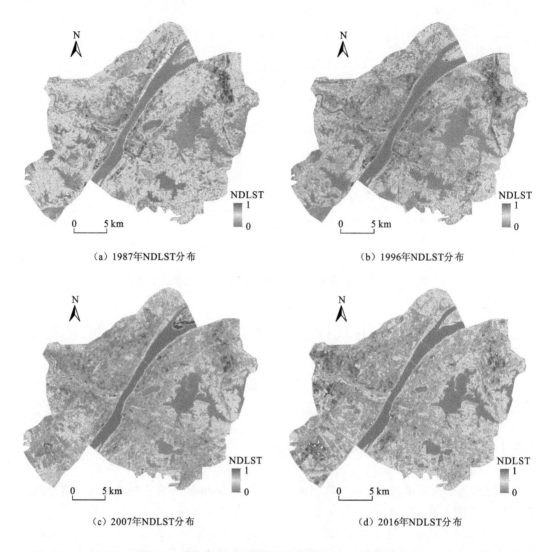

图 5.6 武汉市主城区不同研究年份 NDLST 空间分布

对不同年份主城区的正规化地表温度的平均值和 SD 进行统计(见表 5.3),结果显示,1987 年、1996 年、2007 年和 2016 年平均 NDLST 分别为 0.280、0.403、0.531 和 0.545,逐年增大,再次表明了从 1987 年到 2016 年相对地表温度呈现上升趋势。SD 反映研究区不同年份正规化地表温度数据的分布情况,1987 年 SD 仅为 0.140,说明这一时期地表温度变化范围小,研究区总体热特性相对均衡;1996 年 SD(0.251)明显高于其他几个年份,说明这一时期研究区地表温度变化幅度较大,分布不均匀;而 2007 年和 2016 年的 SD 反映了地表温度分布较 1996 年集中,像元 NDLST 与平均值的波动缩小,也侧面反映了研究区地表温度的整体上升趋势。

表 5.3 不同年份主城区 NDLST 统计

项目	1987 年		1996 年		2007 年		2016 年	
	平均值	SD	平均值	SD	平均值	SD	平均值	SD
值	0.280	0.140	0.403	0.251	0.531	0.226	0.545	0.225

5.3.2 不同时期武汉主城区热场时空演变

按照 3.1.2 小节的方法,将正规化地表温度(NDLST)进行差值运算,生成相应的差值影像图,能更为直观地反映不同时期像元地表温度及热场空间的演变特征。按照设定阈值划分的差值影像分级(表 3.1),Ⅰ 级、Ⅱ 级、Ⅲ 级、Ⅳ 级和 Ⅴ 级分别表示相应时期内热环境状况为改良极显著、改良较显著、基本无变化、恶化较显著和恶化极显著区域。表 5.4 对不同时期、不同热环境状况变化级别覆盖面积进行统计。1987~1996 年、1996~2007 年和 2007~2016 年的热环境状况恶化范围的面积分别为 382.0 km²(55.6%)、305.1 km²(44.4%)和 104.3 km²(15.1%),而相应时期的热环境状况改良范围面积仅为 39.8 km²(5.8%)、23.1 km²(3.4%)、83.9 km²(12.2%)。对比不同研究时期热场演变情况可知,三个阶段的热环境状况恶化空间面积及范围有着明显不同,前两个时期热环境恶化更为严重,并呈现由城市中心逐步外移的趋势。为进一步明确研究区不同时期城市热场时空演变的方向、面积和范围,对 1987~1996 年、1996~2007 年、2007~2016 年及 1987~2016 年的 NDLST 差值影像图进行分析,探讨相应时期热环境状况变化情况。

表 5.4 不同时期武汉主城区热环境状况面积统计

热环境状况	1987~1996 年		1996~2007 年		2007~2016 年		1987~2016 年	
	面积/km²	占比/%	面积/km²	占比/%	面积/km²	占比/%	面积/km²	占比/%
Ⅰ	1.4	0.2	2.4	0.4	11.1	1.6	3.9	0.6
Ⅱ	38.4	5.6	20.7	3.0	72.8	10.6	4.0	0.6
Ⅲ	265.5	38.6	359.0	52.2	501.6	72.7	119.1	17.3
Ⅳ	292.0	42.5	186.9	27.2	88.9	12.9	263.1	38.1
Ⅴ	90.0	13.1	118.2	17.2	15.4	2.2	299.7	43.4

1. 1987~1996 年主城区热场时空演变

图 5.7 显示了 1987~1996 年 NDLST 的差值影像图,结合表 5.4 可知,这一时期热环境状况总体处于恶化趋势,恶化较显著(Ⅳ 级)和恶化极显著(Ⅴ 级)区域分别为 292.0 km² 和 90.0 km²,占比达 42.5% 和 13.1%。热环境状况恶化范围主要集中在二环线内和武汉经济技术开发区,极显著恶化区域主要沿二环线分布。热环境状况改良极显著(Ⅰ 级)和改良较显著(Ⅱ 级)区域面积为 1.4 km² 和 38.4 km²,占比仅为 0.2% 和 5.6%,远低于同时期热环境状况恶化区域面积;热环境状况改良区主要分布在沙湖、南湖等城

市水体边缘区域。而长江、东湖等水体和大型公园绿地的温度状况较为稳定，基本无变化（III 级），级别覆盖面积为 265.5 km²，占总面积的 38.6%。

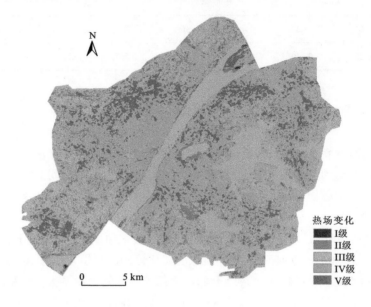

图 5.7　武汉市主城区 1987～1996 年热环境状况等级分布

2. 1996～2007 年主城区热场时空演变

图 5.8 展示了主城区 1996～2007 年热环境状况等级分布。前文的研究表明，这一时期研究区的城市化和城市建设速度最快，但表 5.4 显示，52.2%的区域热环境状况较为稳定，为覆盖面积最大的热环境状况变化级别，且主要分布在武汉市建成区；这并不意味

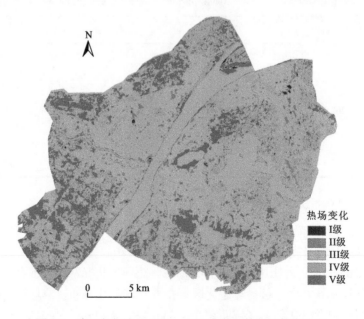

图 5.8　武汉市主城区 1996～2007 年热环境状况等级分布

着城市建设对热环境状况没有影响，而是建成区 1996 年已经是高温级别，到 2007 年时温度级别没有提高。而实际上，这个时期的热环境状况总体呈现恶化的趋势，恶化较显著（IV 级）和恶化极显著区域（V 级）分别为 27.2% 和 17.2%，热环境状况恶化区域主要为二环和三环线之间，且恶化极显著区域较前一个时期明显增加。而热环境状况改良极显著（I 级）和改良较显著（II 级）的面积比例远比热环境状况恶化区域小，一共仅占 3.4%，热环境状况改良范围零星分布于城市绿地。

3. 2007～2016 年主城区热场时空演变

图 5.9 为主城区 2007～2016 年热环境状况等级分布，研究区绝大部分区域为热环境状况变化 III 级，即这一时期热环境状况基本无变化，结合表 5.4 可知，III 级覆盖范围达 501.6 km²，占总面积的 72.7%。相比前两个研究时期，热环境状况恶化面积减少，恶化较显著（IV 级）和恶化极显著区域（V 级）分别只占 12.9% 和 2.2%，主要分布在武汉经济技术开发区及武钢工业区等工业用地。而热环境状况改良面积明显增加，热环境状况改良极显著（I 级）和改良较显著（II 级）比例分别达到 1.6% 和 10.6%，主要是因为城市生态建设过程中部分用地还绿于民，改善了城市热环境状况。总之，这一时期城市热环境状况有改善的趋势，一方面说明城市绿化使得局部热岛效应得以缓解，另一方面则是因为 2007 年和 2016 年研究区内基本都是热岛覆盖区域，致使两个时期的正规化地表温度差别变小。

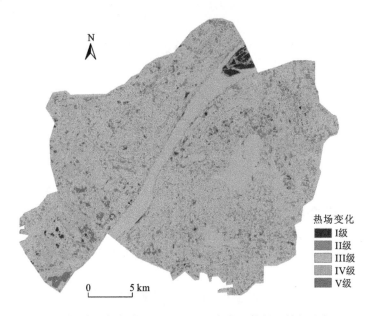

图 5.9 武汉市主城区 2007～2016 年热环境状况等级分布

4. 1987～2016 年主城区热场时空演变

图 5.10 为整个研究期 1996～2007 年热环境状况等级分布，整个研究区基本被划定为热环境恶化级别。结合表 5.4 可知，恶化较显著（IV 级）和恶化极显著区域（V 级）面积达 26.3.1 km² 和 299.7 km²，占总面积的 38.1% 和 43.4%，总恶化比例达 81.5%。热环境状况改良区域的范围仅占总面积的 1.2%，相比恶化区域而言，基本可忽略。而基本无变

化占总面积的 17.3%，主要分布在长江、汉江、东湖、沙湖、南湖等大型城市水体。29年间主城区经历了高速的社会经济发展和城市扩张，城市热环境状况整体呈现明显的恶化趋势，城市水体在对抗城市热环境恶化、维持生态环境稳定方面起着不可替代的作用。

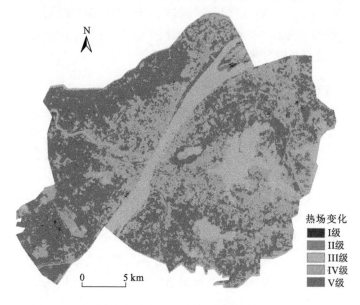

图 5.10 武汉市主城区 1987～2016 年热环境状况等级分布

5.4 武汉城市扩张对热场时空演变的驱动机制

对相应时期的不透水面指数空间分布（图 5.1）与正规化地表温度空间分布（图 5.6）进行掩模，发现两者的分布格局呈现较好的空间一致性。不透水面指数较高的区域，正规化地表温度较高，城市热岛效应较明显，反之较低，说明城市建设强度会影响城市地表温度的分布特征及城市热岛的空间格局。对照不同时期主城区不透水面指数差值影像（图 5.2～图 5.5）与热环境状况变化等级空间特征（图 5.7～图 5.10），发现两者的分布格局存在一定的空间耦合规律，尤其是热环境状况恶化极显著区与相应时期的城市扩张范围基本重合，这说明城市发展和建设对城市热环境状况恶化贡献突出，城市化进程加快能扩展城市热岛范围、加剧热岛强度，其驱动机制需要进一步探明。

5.4.1 武汉城市建设对热场空间特征的影响

在 ArcGIS 10.2 中分别以 0.01 为增量对不同时期的不透水面指数进行重分类，并利用其区域统计功能进行相应的正规化地表温度统计，在 SPSS 17.0 中建立两者的数量关系，进行一元线性回归分析，如图 5.11 所示。从图 5.11 中可以看出，不透水面指数与正规化地表温度的一元线性回归方程的回归系数为 0.751～0.935，且所有的拟合方程均通过了 0.01 的显著性水平检验，总体来说，两者拟合关系较好，不透水面指数能较好地解释正规化地表温度的变化。对比四个时期不透水面指数与正规化地表温度的回归结果，发现不同时期两者的拟合程度不尽相同，但是回归曲线却呈现出相似的规律：即不透水面指数低于 0.4～0.5 时，随着不透水面指数的增加，正规化地表温度并没有表现出相应的上升，而是出现较大的波动；而当不透水面指数高于 0.4～0.5 时，正规化地表温度随着不透水面指数的增加而呈现规律性上升。不透水面指数为 0.4～0.5 是划分城市自然地表和建设用地的阈值范围，在非建设用地或低密度建设区（不透水面指数低于 0.4～0.5），地表整体呈现出自然覆盖特征，地表的热容量和热传导性较低，削弱了不透水面与地表温度之间的关系，反之亦然。这说明不透水面指数能很好地解释高建设强度范围的地表温度变化，而对自然覆盖特征明显区域的地表温度影响有限。同时，不透水面指数与正规化地表温度存在着明显的正相关，随着不透水面指数的增加，相对正规化地表温度相应上升，即城市建设对城市地表温度升温和城市热岛效应增强有着正向促进的作用，在其他条件不变的情况下，不透水面指数每增加 0.1，正规化地表温度会上升 0.01～0.02，热岛强度增强。

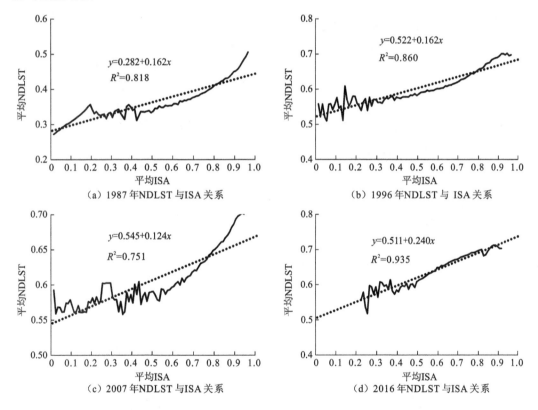

图 5.11　武汉主城区不同研究年份正规划地表温度与不透水面指数的关系

5.4.2　1987～2016 年武汉城市扩张对热场时空演变的驱动机制

1. 城市化对城市热场演变的影响

为进一步探讨城市化对城市热环境状况的影响，对不同研究时期的正规化地表温度差值（NDLST$_{var}$）与不透水面指数差值（ISA$_{var}$）的关系进行分析。图 5.12 为不同时期两者关系的密度散点图。结果表明，两者之间存在显著的正向相关，拟合方程的 R^2 为 0.861 7~0.941 0，说明不透水指数差值能很好地解释正规化地表温度差值的变化，城市建设强度加大对地表温度具有正向促进作用，随着建设密度逐渐加大，热环境状况也随之恶化。不同研究时期都形成了 2~3 个高密度小簇群，1987~1996 年[图 5.6（a）]、2007~2016 年[图 5.6（c）]和 1987~2016 年[图 5.6（d）]的高密度簇群范围，主要集中于-0.8~-0.6（建设密度剧减）、-0.1~0.1（建设密度基本不变）和 0.5~0.7（建设密度剧增）这几个区段，证实两者的关系受到基质条件的影响较大。而 1996~2007 年[图 5.6（b）]中在负轴上并没有形成高密度区间，这与前面研究得出的 1996~2007 年城市建设最为显著的趋势相符合。

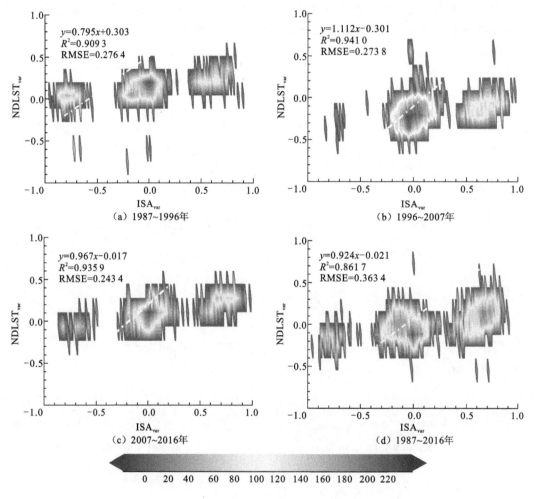

图 5.12　武汉市主城区不同研究时期 $NDLST_{var}$ 与 ISA_{var} 的关系

为进一步探讨城市扩张对城市热场演变的驱动机制，明确城市热环境状况改变与城市不透水面指数差值的关系，对不同时期热环境状况变化等级的平均不透水面指数差值进行统计（表 5.5）。热环境状况改良区域对应的平均不透水面指数差值为负，说明自然地表覆盖比例增大，建设用地相对减少，表现在城市建设过程中就是城市公共绿地面积的增加，对原有成片的建设用地进行了渗透、切割，建设用地破碎化趋势明显，连片高温被打破，从而对城市热岛表现出缓解作用，改善热场状况。热环境状况恶化范围对应的平均不透水面指数差值为正，表明相应像元不透水面指数增加了，城市建设强度增加，导致硬化地表覆盖比例增大，增加地表热辐射，加剧热岛效应。对比 1987~1996 年、1996~2007 年、2007~2016 年及 1987~2016 年 4 个时期热环境状况从 I 级到 V 级的平均不透水面指数差值，可以发现，几乎所有研究时期的平均 ISA_{var} 都从负值持续增加到正值，且呈现逐渐递增趋势，说明建设面积的增加是引起热环境状况恶化的重要因素，反之亦然。进一步分析发现，热环境状况恶化较显著区域的平均不透水面指数差值为 0.134~0.233，为三个研究时期的不透水面指数变化不大的像元，主要为在原有建设用地上再建设或增加建设密度，如建成区旧城扩张；而热环境状况恶化极显著区域的平均不透水面指数差值为 0.368~0.549，建设强度明显增加，建设用地范围扩张，主要为新增建设用地，即自然地表被硬化地表所代替的区域，这一点可以从不透水面指数差值影像图和对应时期热环境状况变化等级图的掩模效果中得到直观的证明。

表 5.5　热环境状况变化与不透水面指数差值关系统计

热环境状况	1987~1996 年		1996~2007 年		2007~2016 年		1987~2016 年	
	ISA_{var}	SD	ISA_{var}	SD	ISA_{var}	SD	ISA_{var}	SD
I	−0.056	0.181	−0.268	0.480	−0.219	0.345	−0.250	0.513
II	−0.050	0.164	−0.176	0.372	−0.370	0.337	−0.094	0.352
III	−0.126	0.120	0.030	0.168	−0.061	0.278	0.110	0.400
IV	0.134	0.298	0.205	0.333	0.233	0.314	0.440	0.450
V	0.368	0.364	0.554	0.350	0.549	0.249	0.610	0.423

2. 热环境状况恶化对城市扩张的响应

前文的分析表明，城市扩张（或城市建设密度急剧增加）对于热环境状况恶化的影响显著，利用 ArcGIS 空间分析功能，分别提取图 5.7~图 5.10 中不同时期的热环境状况呈现恶化（IV 级和 V 级）的区域和图 5.2(a)~图 5.5(a) 中对应时期城市扩张区域（ISA_{var} 大于 0.3），进行相应时期的空间叠加（见图 5.13）。结果表明，热环境状况显著恶化地区与城市扩张地区呈现出较高程度的空间重合。1987~1996 年 [图 5.13（a）] 热环境状况恶化与城市扩张重合的区域主要是二环线周边区域和武汉经济技术开发区，热环境状况恶化的区域略小于城市扩张的范围，两者重合的面积占城市扩张面积的 76.5%。1996~2007 年 [图 5.13（b）] 城市热环境状况恶化范围由二环线内扩散到二环线与三环线之间，而 ISA_{var} 大于 0.3 的区域基本全部被覆盖，两者的叠加比例占到城市扩张区域的 85.3%。2007~2016 年 [图 5.13（c）] 热环境状况恶化范围明显小于前两个时期，零散分布于汉正街都市工业园区、武汉经济技术开发区及城市湖泊周边区域，前文研究表明这一时期的研究区城市扩张有减速的趋势，具体表现为这一时期两者的叠加面积仅占城市扩张面积的 48.6%。总的来看，1987~2016 年 [图 5.13（d）] 城市热环境状况恶化与城市扩张重合的区域面积占到城市扩张总面积的 96.7%，城市扩张和城市建设强度加大对城市热岛范围扩大及城市热环境状况恶化贡献巨大。

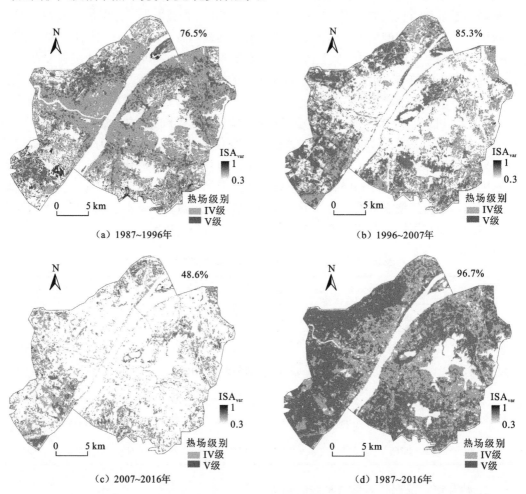

图 5.13 不同研究时期热环境状况恶化（IV 级和 V 级）和城市扩张（ISA$_{var}$>0.3）区域空间叠加图

　　为了定量化分析城市扩张对热环境状况恶化的影响，选取不同时期的 ISA$_{var}$ 大于 0.3 的区域，在 ArcGIS 中分别以 0.01 为增量对其进行重分类，利用区域统计工具进行相应的正规化地表温度差值（NDLST$_{var}$）统计，并在 Excel 中建立两者的数量关系，进行一元线性拟合，如图 5.14 所示。1996～2007 年［图 5.14（b）］、2007～2016 年［图 5.14（c）］和 1987～2016 年［图 5.14（d）］正规化地表温度变化值均随着不透水面指数变化值的增大而升高，呈现出显著的正相关关系，且 R^2 在 0.874～0.989 2，拟合程度较高，说明城市扩张确实对热环境状况恶化产生了重要的促进作用。值得注意的是，1987～1996 年［图 5.14（a）］的正规化地表温度变化值随着不透水面变化值的增加呈现先降低后升高趋势，两者回归方程的拟合系数为 0.782 1，略低于其他研究时期；从数值上来看，城市扩张区域的正规化地表温度变化值均为负值，NDLST$_{var}$ 从 -0.25 到接近于 0，热环境状况从改良到稳定，部分原因在于这一时期，研究区除建成区外，城市扩张并不明显，总体上以自然地表覆盖为主，故不透水面覆盖的改变对热环境状况变化的解释程度较弱。

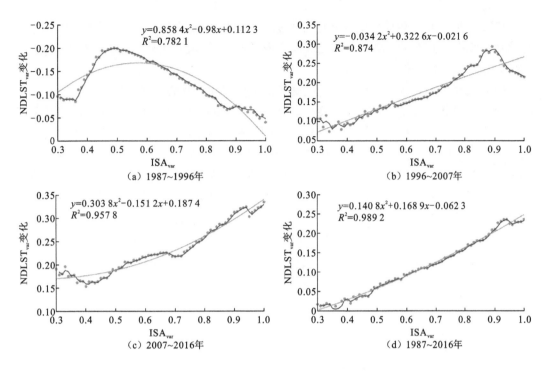

图 5.14　武汉市主城区不同研究时期城市扩张（$ISA_{var} > 0.3$）与热环境状况恶化关系图

5.5　本章小结

　　本章采用多时相遥感影像分析主城区城市建设对城市热岛空间分布的影响，能有效体现城市地表覆盖特征和热场状况的空间异质性；采用不透水面指数差值影像描述城市扩张，能直观反映像元地表覆盖特征和建设程度变化的空间异质性，也能定量表征和精细刻画城市扩张的方向与程度；正规化地表温度差值影像能直观地反映像元热场特征的迁移方向和热岛空间的演变过程，能动态表征像元热环境状况变化的空间异质性。动态定量城市扩张对热场特征演变的影响有助于更好地理解其驱动机制，为城市热岛时空演变提供新的角度，为制定相应的缓解对策和城市建设政策提供思路。

　　（1）1987～2016 年，武汉主城区建设强度不断增加，城市扩张明显，但不同时期表现出不同的扩张模式和方向。1987～1996 年，城市扩张主要沿交通干道呈线性扩张，对交通的依赖较大；1996～2007 年，城市扩张主要以新建工业园区和房地产建设为主，以武汉（新）火车站、光谷软件园、常青花园、沌口等为中心呈现片状扩张，城市扩张迅速；2007～2016 年，武汉城市扩张转向三环外，主城区总体建设速度减缓，城市扩张主要以填湖为代价，呈现南湖、野芷湖、墨水湖等部分填湖建设的点状扩张。

　　（2）武汉城市热岛效应主要发生在相应时期的城市建成区和武钢工业区，而长江、汉江，东湖、南湖等大型水体则形成明显的低温廊道和"冷岛"效应。29 年间，武汉主城区热环境状况总体呈现恶化趋势，但恶化速度逐渐变慢。1987～1996 年，热环境状况恶化区域主要集中在二环线内和武汉经济技术开发区，极显著恶化区域主要沿二环线分布；1996～2007 年。热环境状况恶化范围主要为二环和三环线之间，极显著恶化区域明显增加；2007～2016 年，热环境状况改良面积增加，热环境状况恶化面积较前两期减少，主要分布在武汉经济技术开发区。

（3）武汉主城区城市热环境状况变化明显受到城市建设强度变化的影响，从热环境状况改良极显著、改良较显著、无变化、恶化较显著到恶化极显著，不透水面指数差值由小到大，且热环境状况恶化极显著覆盖范围与相应时期的城市扩张范围基本吻合，表明城市扩张和城市建设强度加大对扩展城市热岛范围及恶化城市热环境作用明显；1987～1996 年、1996～2007 年、2007～2016 年和 1987～2016 年不透水面指数变化值与正规化地表温度变化值的拟合方程的系数为 0.782 1～0.989 2，拟合程度较好，说明城市扩张对城市地表温度升温和城市热岛效应增强有正向促进的作用。

但城市化过程伴随着耕地、自然植被、水体等景观类型被建设用地替代，城市化对城市热岛的影响更涉及用地类型、景观布局、格局演变等多个因素，需要进一步探讨。

第6章 城市 LULC 分布格局对地表温度的影响

城市热岛效应是城市局地气候发生变化的一个典型现象，是城市人口聚集和景观格局演变的最直接结果，受到城市人为热排放、下垫面性质和土地覆盖特征等多种因素的综合影响，其中由城市化引起的土地利用/土地覆盖（land use/land cover，LULC）变化常常被认为是城市热岛效应产生和加剧的内在驱动力（Deilamia et al.，2018；彭保发 等，2013），从土地利用及其变化的角度研究城市热岛效应、探讨 LULC 及其时空变化对城市热岛效应空间分布及时空动态影响机制是解决城市热环境问题的关键（Gago et al.，2013；岳文泽和徐丽华，2007）。

部分学者将城市地表划分为建筑用地、道路、耕地、绿地、水体等景观类型，统计不同类型景观的平均地表温度（Silva et al.，2018；张伟 等，2015；Xie et al.，2012），分析不同覆盖类型的温度差异；或者采用归一化植被指数（NDVI）、归一化湿度指数（NDWI）、归一化建筑指数（NDBI）、不透水面（ISA）指数等表征地表覆盖特征，构建地表参数与地表温度的数量关系，探讨城市景观类型和比例对城市热岛效应的影响（姚远 等，2018；Raynolds et al.，2008；杨英宝 等，2007）。结果表明，建设用地内平均地表温度较高，硬化地表相关的地表参数与地表温度存在着正向相关关系，不透水面覆盖比例增加对城市热岛效应贡献明显；绿地和水体等自然地表平均温度较低，呈现出明显的低温效应，对城市热岛效应起到一定的缓解作用，且城市绿地覆盖程度越高，降温效果越好。这类研究明确了城市景观异质性对城市热岛效应的重要性，证实了不同景观类型组成对城市热环境影响的生态意义，是调整城市用地政策、提出保护城市公园绿地和湖泊水体等城市生态环境决策的重要依据。增加城市绿地和水体面积等被认为是缓解城市热岛效应的有效途径，但在城市土地资源日趋紧张的情况下，城市绿地和水体面积不可能无限增大。

以上研究多是基于离散的景观类型或单一地表参数，没有考虑不同景观要素的空间组合特征对城市热环境的影响，如无法解释景观组成和比例相同但空间组合方式（如形状、连接度、聚集度等）不同时地表温度的空间变化等，而城市不同景观或地表覆盖类型的组合与结构也是影响城市地表温度分布的重要因素（Hou and Estoque，2020；冯悦怡 等，2014；陈爱莲 等，2012）。因此，探讨城市各覆盖类型的组成、结构、空间布局对城市热岛效应的影响，即城市景观格局特征的热环境效应，是深入理解城市热岛效应形成机制、有效缓解城市热岛效应的基础，对于优化城市空间布局、缓和城市人地矛盾、实现城市健康持续发展有着重要的意义。

相关研究在对 LULC 分类的基础上，选取一定的景观格局指数表征城市景观格局，利用地表温度分级反映城市热岛效应特征，描述城市景观格局对热岛效应的影响；或构建一定范围内不同景观指数与地表温度的数量关系，定量分析景观结构特征的热环境效应（谢启姣 等，2018；王跃辉 等，2014；Zheng et al.，2014；岳文泽和徐丽华，2007）；或者在此基础上，按照一定的标准划分网格，对网格内地表温度与景观指数进行统计回归，探讨不同景观格局指数与地表温度的相关性（谢启姣，2016；张新乐 等，2008）。研究发现不同景观格局指数对城市地表温度有着重要影响，明确了城市景观的组合方式及其空间关系对城市热岛效应研究的意义，为城市热环境改善提供了生态视角。但这类研究也存在不足（李秀珍 等，2004）：①由于目标和标准不同，研究所选的表征城市景观格局的指数也不同，研究成果缺乏可比性；②研究多为单因子分析，忽略了各景观指数之间的相关性，缺乏景观格局特征与城市热岛效应多因子综合关系的定量认知，不能明确城市景观格局对城市热场的主要影响因素；③研究多以某个城市或其景观类型为对象，样本量不足，无法全面反映城市景观格局土地覆盖特征的复杂性及空间异质性。

6.1　研究方法

本章选择 1987 年 9 月 26 日、1996 年 10 月 4 日、2007 年 4 月 10 日 Landsat 5 影像及 2016 年 7 月 23 日 Landsat 8 影像，以武汉市主城区为例，利用 Landsat TM 遥感影像反演 LST 并划分 LULC 类型，探讨两者之间的空间耦合规律；从斑块、斑块类型及景观水平三个层次选取所有常见的景观指数，全面表征城市景观格局特征，并将武汉市主城区格网化，进行多样本、多因子综合分析，明确 LULC 空间分布及景观格局对地表温度空间分布的影响，为有效缓解城市热岛效应、实施城市生态规划提供科学依据。

6.1.1　地表温度反演

具体方法见 3.1.1 小节。

6.1.2　LULC 类型划分

本章采用非监督分类和监督分类的综合方法对武汉市 LULC 类型进行遥感提取。按照土地覆盖特征和地表性质的不同，将武汉市 LULC 划分为 4 种类型。①农用地：是指适合耕种或可耕种的土地，包括已经播种的农地和因为季节原因而暂时休耕的耕地。其中已经播种的农地是种植有一年生农作物如谷物、小麦、棉花、大豆及蔬菜等的土地，而永久性农作物如果树等用地则不包括在内。②绿化用地：是指任何能提供灌层覆盖和遮阴的植被类型，包括研究区所有的落叶或常绿的乔木和灌木，公园草地及高尔夫草场等一切开敞的草地覆盖类型，不包括一年生农作物植被覆盖的土地类型。③水体：是指研究区内所有的水域覆盖区域，包括长江、汉江及其他江河湖泊、湿地、鱼池等所有水体类型。④建设用地：是指城镇建成区和农村住宅用地等硬质地表覆盖的土地区域，包括建筑、停车场、道路用地及硬质铺装等不透水覆盖类型。

对于各研究年份的各 LULC 类型均随机选取至少 250 个样本进行分类后精度验证，1987 年、1996 年、2007 年和 2016 年总体分类精度和 Kappa 系数依次为 87.34%、92.19%、89.03%、93.05% 及 0.81、0.90、0.84、0.85，分类精度达到研究要求。

6.1.3　LULC 空间分布对地表温度的影响

统计各 LULC 类型范围的平均地表温度，对比分析不同土地利用类型地表温度的差异；对 1987 年、1996 年、2007 年和 2016 年土地利用类型分布图与地表温度分布图进行空间叠加，明确两者的空间耦合规律；并分别统计 5 个温度等级区域内各土地利用类型面积占比，探讨 LULC 分布对地表温度的贡献。

6.1.4　城市景观格局对地表温度的影响

不仅 LULC 类型会影响到城市地表温度的变化，城市不同景观或地表覆盖类型的组合与结构也是影响城市地表温度分布的重要因素，故选择 2016 年 7 月 23 日遥感数据，进一步探讨 LULC 各类型空间结构及组合方式对城市地表温度的影响。

1. 格局指数选取

城市热场分布与城市建设用地、绿地和水体的地表覆盖特征关系最为密切，依据下垫面性质及实际研究需要，基于 2016 年 7 月 23 日影像多光谱数据，将武汉主城区划分为建设用地、绿化用地和水体三种覆盖类型；并分别选取斑块、斑块类型和景观水平、景观格局指数（如面积、密度、形状、边缘、核心斑块、邻近度、聚散度、多样性）等表征城市景观格局特征。

2. 格网划分

城市景观呈现出高度的人工化、复杂性、异质性等显著特征，为保证研究拥有足够的样本量且更好地体现城市景观的空间复杂性，结合城市景观格局指数的尺度效应（王艳芳 等，2012），将武汉市主城区按 3 km×3 km 进行格网划分；由于长江所特有的廊道格局及其小气候特征，具有特殊性，不能体现典型的城市景观特征，为保证研究的科学性，将含有长江水体的格网和其他景观类型不完整的格网剔除。

3. 统计分析

研究选择武汉市主城区 2016 年 7 月 23 日 Landsat 8 遥感影像（云量为 0.41%）为数据源，采用 3.1.1 小节地表温度遥感反演方法计算地表温度。在 Fragstas 4.2 计算各格网内相应的景观格局指数，构建格网平均地表温度与各景观格局指数的数量关系，并对所有景观指数进行主成分回归分析，找到对城市地表温度影响最大的景观格局指数。

6.2　武汉城市 LULC 空间分布特征

图 6.1 为武汉市主城区 1987～2016 年不同研究年份的 LULC 空间分布。1987 年［图 6.1（a）］农用地覆盖范围较广，以当时的建成区为中心环绕分布；建设用地则主要集中分布于二环线内及青山区的武钢工业区；水域资源丰富，长江、汉江及东湖、沙湖、后

湖、南湖、墨水湖等河流湖泊纵横城内，与其他用地交错；绿化用地则以马鞍山、龟山等大型城市山体和城市公园为主。1996 年[图 6.1（b）]土地利用分布格局与 1987 年类似，只是城市建设用地以原建成区为中心向外扩张，青山区方向逐渐与武钢工业区连接，汉阳区则向西南发展形成以武汉经济开发区为中心的建设用地，江岸区后湖水域也因城市建设被严重侵占。2007 年[图 6.1（c）]由于建设用地继续向外扩张至三环线，主城区绝大部分被建设用地覆盖，西南方向武汉经济开发区内建设用地逐步连接成片，建成区内沙湖、南湖等城市湖泊部分水域被逐渐蚕食或填埋。到 2016 年[图 6.1（d）]整个研究区除长江、汉江、大型湖泊和山体外完全被建设用地覆盖，总体上，武汉市主城区土地利用空间分布格局从以农用地为主变为以建设用地为主。

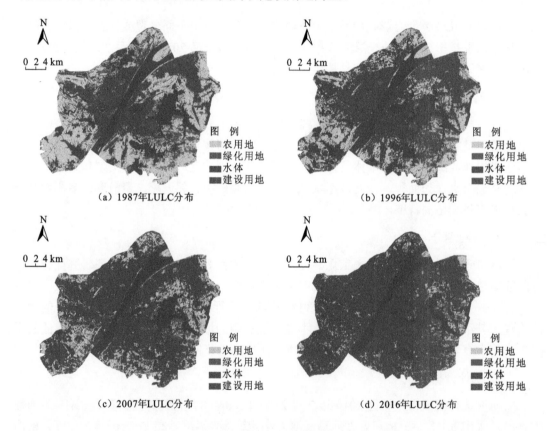

图 6.1　武汉市主城区不同研究年份 LULC 分布图

　　表 6.1 为对 4 个年份各 LULC 面积及所占比例的统计，可更清楚地展示武汉市主城区土地利用分布格局的变化。1987 年武汉市主城区最主要的土地利用类型为农用地，覆盖面积为 264.52 km²，占研究区总面积的 38.79%；其次是水体和建设用地，分别占总面积的 28.55%、27.78%，城市绿化用地仅占总面积的 4.88%。从 1996 年开始，建设用地面积逐步增加，到 2007 年再到 2016 年，建设用地覆盖面积从 1996 年时 293.08 km² 增加到 420.12 km²，再增加到 497.38 km²，面积占比分别为 42.97%、61.60% 和 72.93%。由于建设用地的明显扩张，其他土地利用类型的面积和比例相应减少，农用地、绿化用地和水体比例分别从 1987 年的 38.79%、4.88% 和 28.55% 减少到 2016 年的 7.49%、3.08% 和

16.50%；总体看，自然地表覆盖比例（农用地、水体和绿化用地）由72.22%（1987年）依次减少到57.03%（1996年）、38.40%（2007年）、27.07%（2016年），城市建设用地扩张是以牺牲自然景观面积为代价。

表 6.1   不同年份各 LULC 类型面积统计

LULC 类型	1987 年		1996 年		2007 年		2016 年	
	面积/km²	占比/%	面积/km²	占比/%	面积/km²	占比/%	面积/km²	占比/%
农用地	264.52	38.79	171.85	25.20	126.57	18.56	51.08	7.49
绿化用地	33.31	4.88	22.99	3.37	26.40	3.87	21.01	3.08
水体	194.73	28.55	194.09	28.46	108.92	15.97	112.54	16.50
建设用地	189.45	27.78	293.08	42.97	420.12	61.60	497.38	72.93

表 6.2 为不同时期各 LULC 面积的变化，其中建设用地面积变化最大，1987～2016年共增加 307.93 km²，29 年间增加了 162.54%；1987～1996 年、1996～2007 年和 2007～2016 年分别增加 103.63 km²、127.04 km² 和 77.26 km²，各增加了 54.70%、43.35%和18.39%，研究区建设用地扩张趋势逐渐放缓。农用地面积快速减少，29 年共减少213.44 km²，减少了 80.69%；1987～1996 年、1996～2007 年和 2007～2016 年分别减少92.67 km²、45.28 km² 和 75.49 km²，减少了 35.03%、26.35%、59.64%。1987～2016 年水体面积共减少 82.19 km²，减少了 42.21%；2007～2016 年略微增加，1996～2007 年减少面积最大（85.17 km²），减少了 43.88%。绿化用地整体变化幅度最小，1987～2016 年共减少 12.30 km²，减少了 36.93%，除 1996～2007 年增加了 14.83%外，1987～1996 年、2007～2016 年分别减少了 30.98%、20.42%。

表 6.2   武汉主城区 1987～2016 年各 LULC 类型面积变化

LULC 类型	1987～1996 年		1996～2007 年		2007～2016 年		1987～2016 年	
	变化量/km²	变化率/%	变化量/km²	变化率/%	变化量/km²	变化率/%	变化量/km²	变化率/%
农用地	-92.67	-35.03	-45.28	-26.35	-75.49	-59.64	-213.44	-80.69
绿化用地	-10.32	-30.98	3.41	14.83	-5.39	-20.42	-12.30	-36.93
水体	-0.64	-0.33	-85.17	-43.88	3.62	3.32	-82.19	-42.21
建设用地	103.63	54.70	127.04	43.35	77.26	18.39	307.93	162.54

6.3   武汉城市地表热岛空间分布特征

图 6.2 为武汉市主城区不同研究年份地表温度等级空间分布图，总体上，高温区和次高温区集中分布在人口集中、路网发达、高楼建筑众多的密集商业区、居住区及工业

产业发达的武钢工业区，与周围区域相比表现出强烈的"热岛效应"；次低温区和低温区始终分布在长江、汉江和沙湖、东湖等河流湖泊处，与周围区域相比表现出明显的"冷岛""冷廊效应"。但不同时期城市热岛分布格局并不完全一致，尤其是高温区分布范围及格局，在研究时期内变化明显。1987年[图6.2（a）]主城区的高温区主要分布在青山区的武钢工业区和城市建成区的沿江地带，包括解放大道沿线、汉阳大道及鹦鹉大道沿线等带状区域和汉正街周边、汉口火车站附近、徐东商贸中心、武昌火车站周边等繁华商贸中心，热岛范围集中分布在二环线内，呈现出线状或片状分布格局。1996年[图6.2（b）]高温区分布范围较之前明显扩大，高温区沿着汉阳琴台大道，汉口沿江大道、沿河大道，以及武昌和平大道、临江大道等城市干道向外线性扩张并逐渐连接成片，热岛分布整体表现为片状格局。2007年[图6.2（c）]高温区分布格局由集中变为分散，热岛分布范围蔓延至三环线附近，已基本覆盖整个研究区，呈现出面状分布格局；2016年[图6.2（d）]高温区分布与2007年类似，但武汉经济技术开发区和汉正街都市工业区附近高温区渐渐聚集，形成新的小范围高温中心。

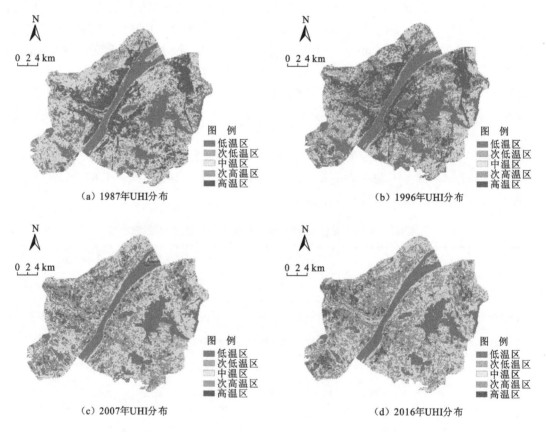

图6.2　武汉市主城区不同研究年份地表温度等级空间分布图

为更直观理解武汉市主城区地表温度分布特征，对不同时期各温度等级面积进行统计，见表6.3。1987年较低温级别（低温区和次低温区）、中温级别和较高温级别（次高温区和高温区）覆盖面积约各占研究区面积的三分之一，热场分布总体上较为均衡；具体看，中温区覆盖面积最大，为 234.82 km^2，占总面积的 34.43%；其次为低温区，覆盖面积比例为 21.97%，其他温度级别所占比例则相差不大。1996 年较之 1987 年，相对热岛区域（高温区和次高温区）面积有所增加，覆盖面积比例从 32.70% 增加到 41.93%；但与此同时低温区覆盖范围也扩大，面积为 181.94 km^2，占总面积的 26.68%；中温区面积则明显减少，说明地表温度分布呈现分化格局。2007 年和 2016 年地表温度分布格局较为相似，均以中温区覆盖面积最广，分别为 257.93 km^2 和 239.15 km^2，占总面积的 37.82%、35.07%；相对热岛覆盖比例分别为 38.46% 和 41.23%，与 1996 年基本持平；但较低温级别较之前两个年份明显减少。

表 6.3 武汉市主城区各地表温度等级面积

地表温度等级	1987 年		1996 年		2007 年		2016 年	
	面积/km^2	占比/%	面积/km^2	占比/%	面积/km^2	占比/%	面积/km^2	占比/%
低温区	149.80	21.97	181.94	26.68	130.59	19.15	117.09	17.17
次低温区	74.32	10.90	58.88	8.63	31.18	4.57	44.55	6.53
中温区	234.82	34.43	155.25	22.76	257.93	37.82	239.15	35.07
次高温区	95.31	13.97	145.13	21.28	216.18	31.70	234.36	34.36
高温区	127.76	18.73	140.81	20.65	46.13	6.76	46.86	6.87

表 6.4 详细统计了不同时段内各地表温度等级覆盖面积的变化。总的来看，1987～2016 年次高温区覆盖面积变化最大，共增加 139.05 km^2，增加了 145.89%，且研究期内始终保持扩张趋势，以平均每年 5.03% 的速度扩张；但不同时期增加幅度不一样，1987～1996 年、1996～2007 年和 2007～2016 年分别增加 49.82 km^2、71.05 km^2 和 18.18 km^2，增加了 52.27%、48.96% 和 8.41%，增加速度减慢。同时，低温区和次低温区面积分别减少 32.71 km^2 和 29.77 km^2，29 年共减少了 61.9%；其中 1996～2007 年减少幅度最大，减少面积分别为 51.35 km^2 和 27.70 km^2。值得注意的是，2016 年高温区面积较 1987 年减少了 63.32%，这是因为研究期整体热环境状况恶化导致总体温度级别升高，影响了研究区内部的温度分级。

表 6.4 武汉市主城区各地表温度等级面积变化

地表温度等级	1987～1996 年		1996～2007 年		2007～2016 年		1987～2016 年	
	变化量/km^2	变化率/%	变化量/km^2	变化率/%	变化量/km^2	变化率/%	变化量/km^2	变化率/%
低温区	32.14	21.46	−51.35	−28.22	−13.50	−10.34	−32.71	−21.84
次低温区	−15.44	−20.78	−27.70	−47.04	13.37	42.88	−29.77	−40.06
中温区	−79.57	−33.89	102.68	66.14	−18.78	−7.28	4.33	1.84
次高温区	49.82	52.27	71.05	48.96	18.18	8.41	139.05	145.89
高温区	13.05	10.21	−94.68	−67.24	0.73	1.58	−80.90	−63.32

6.4　城市 LULC 空间分布与城市热岛效应的关系

将武汉市主城区 LULC 空间分布（图 6.1）与相应年份的地表温度级别分布（图 6.2）进行空间掩膜，发现两者具有较好的空间耦合性。为了更直观地比较不同 LULC 地表温度的差异，对武汉市主城区不同年份 NDLST 的最小值、最大值、平均值和标准差进行统计，见表 6.5。不同年份建设用地 NDLST 平均值皆最大，为 0.43～0.65；而水体则出现最小 NDLST 平均值，为 0.10～0.15；1987 年、1996 年和 2007 年，农用地 NDLST 平均值（0.28～0.52）均大于绿化用地（0.27～0.38），2016 年绿化用地 NDLST 平均值（0.76）明显超过农用地（0.52）。总之，由于环境热源、地表覆盖特征、热量交换机制等差异，不同土地利用类型间的地表温度差别较大；且随着社会经济发展及城市化推进，各土地利用类型内部 NDLST 也不断变化。其中变化最大的是绿化用地覆盖类型，NDLST 平均值从 1987 年的 0.27（SD 为 0.11）到 2016 年的 0.76（SD 为 0.43），反映了城市绿地从研究区的较低温级别上升到了高温级别，一方面是因为研究期整体热环境的改变；另一方面则是由于绿化用地所在环境基质发生了改变。农用地和建设用地 NDLST 平均值总体上也保持增加的趋势，但农用地为持续增加，从 0.28（SD 为 0.09）直到 0.52（SD 为 0.12），表明城市化进程的推进导致研究区农用地基质越来越破碎、越来越分散，热环境受到城市化的冲击越来越大。建设用地 NDLST 平均值则是从 1987 年的 0.43 增加到 1996 年的 0.64 后趋于稳定，因研究区城市化发展到一定程度已没有足够扩张的空间；但其对应的 SD 却持续增加，从 0.08 增加到 0.14，说明从 1987 年到 2016 年，受到土地利用及城市规划布局的影响，建设用地内部的空间异质性越来越高，导致热环境也越来越复杂。在研究区面临持续城市化的背景下，水体的 NDLST 平均值一直较为稳定，保持在 0.10～0.15，其对地表温度的调节作用并没有因为快速城市化而受到明显的影响；结合图 6.1 可知，武汉市主城区水系发达且多为大型水体，纵横交错的城市水域系统对于稳定城市热环境、对抗城市热岛效应起着不可替代的作用。

表 6.5　不同 LULC 类型 NDLST 统计

年份	NDLST	农用地	绿化用地	水体	建设用地
1987	最小值	0.00	0.00	0.00	0.12
	最大值	0.69	0.59	0.73	0.94
	平均值	0.28	0.27	0.13	0.43
	SD	0.09	0.11	0.09	0.08
1996	最小值	0.00	0.00	0.00	0.00
	最大值	0.98	0.97	0.96	0.99
	平均值	0.36	0.32	0.10	0.64
	SD	0.12	0.11	0.10	0.11

年份	NDLST	农用地	绿化用地	水体	建设用地
2007	最小值	0.00	0.00	0.00	0.00
	最大值	0.94	0.99	0.99	0.99
	平均值	0.52	0.38	0.13	0.65
	SD	0.13	0.12	0.15	0.12
2016	最小值	0.07	0.06	0.00	0.00
	最大值	0.90	0.69	0.89	1.00
	平均值	0.52	0.76	0.15	0.64
	SD	0.12	0.43	0.15	0.14

　　为进一步探究热岛分布格局与土地利用覆盖之间的关系，分别对 1987 年、1996 年、2007 年和 2016 年的土地利用类型分布图与地表温度等级分布图进行空间叠加，明确土地利用类型对地表温度等级分布的影响；并统计不同地表温度等级分布范围的各土地利用类型的面积及比例，定量土地利用类型分布及组成对地表温度的影响。图 6.3 为不同年份武汉市主城区土地利用类型与各地表温度等级的空间叠加图。图 6.4 为相应年份不同地表温度等级各土地利用类型的面积比例。结合图 6.3（a）和图 6.4（a）可知，1987 年 84.59%的低温区面积分布在长江、汉江以及东湖、沙湖、南湖、墨水湖等城市湖泊水体，水体范围内较少有其他地表温度等级出现，水体与低温级别在空间上大范围重合；城市建成区则以高温区和次高温区覆盖为主，建设用地与高温区、次高温区的重合率分别为 85.78%、50.79%，与其他地表温度等级的重合程度则较小。1996 年[图 6.3（b）]城市水体依然主要为低温级别所覆盖，两者呈现较好的空间一致性，低温区水体面积占 98.07%；基本所有建设用地都被高温区和次高温区覆盖，高温区、次高温区内建设用地比例分别占 97.99%、93.47%[图 6.4（b）]，分布范围明显扩张。2007 年[图 6.3（c）和图 6.4（c）]、2016 年[图 6.3（d）和图 6.4（d）]显示低温区仍与湖泊分布范围一致，由于城市水域面积的萎缩，低温区覆盖范围也明显缩减；城市热岛（次高温区和高温区）范围明显扩张，与扩张后的建设用地分布范围较为吻合，但高温区域明显缩小，与建设用地的分布并没有明确的空间关系。

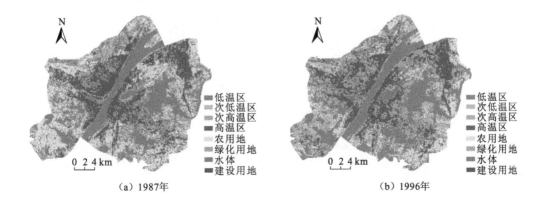

（a）1987年　　　　　　　　　　　（b）1996年

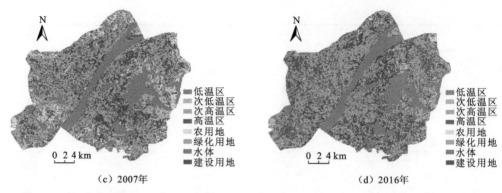

（c）2007年 　　　　　　　　　　　　　　　（d）2016年

图 6.3　武汉市主城区 1987 年、1996 年、2007 年和 2016 年 LULC 与地表温度等级叠加图

图 6.4 对不同地表温度等级与 LULC 的关系进行了统计，总体来看，低温级别 74.49%～98.07%分布在水体区域，其次为农用地，在其他土地利用类型分布面积较小；高温级别基本都分布在建设用地范围，比例达 85.78%～99.19%，其他主要分布在建成区周围的农用地；城市冷岛效应基本与城市水体的分布较为一致，而热岛现象则与建设用地关系密切。但不同时期，其他地表温度等级各 LULC 的组成变化明显，1987 年[图 6.4（a）]和 1996 年[图 6.4（b）]次低温区和中温区内均以农用地面积占比最大，部分原因在于这两个年份研究区农用地覆盖面积最为广泛，且其自然覆盖的基质特征对周围热环境状况起着主导作用；次高温区和高温区内则以建设用地面积占比最大，但次高温区内建设用地的比例从 1987 年的 50.79%迅速提高到 1996 年的 93.47%，城市建成区的热环境状况有恶化的趋势。2007 年[图 6.4（c）]次高温区和高温区主要由建设用地组成，建设用地占比分别达 93.99%和 92.76%，其他三种土地利用类型总面积不足 10%，这与 1996 年类似；但由于 2007 年影像为春季，研究区内地表温度差异较小，且城市建设用地覆盖面积增加，导致低温区和次低温区内开始有建设用地出现，建设用地分别占低温区和次低温区总面积的 11.38%和 20.59%；且中温区内建设用地比例剧增，从 1996 年的 11.90%增加到 2007 年的 59.26%，农用地比例降至 34.77%。随着城市建设进一步扩张，2016 年建设用地基本已覆盖整个研究区，也成为高温区、次高温区和中温区主要的土地覆盖类型[图 6.4（d）]，其面积占比分别为 99.19%、96.30%和 79.97%，自然地表类型占比普遍降低，建设用地对城市热环境状况起着完全的主导作用；但低温区仍以水体为主，占比增加到 82.41%。

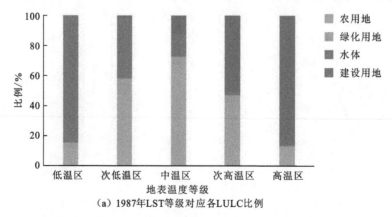

（a）1987年LST等级对应各LULC比例

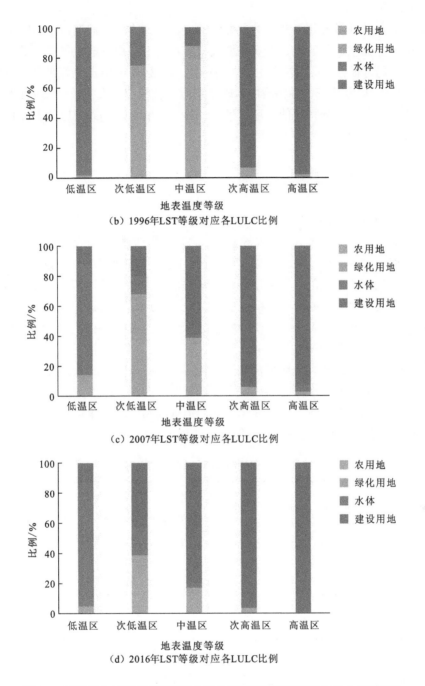

（b）1996年LST等级对应各LULC比例

（c）2007年LST等级对应各LULC比例

（d）2016年LST等级对应各LULC比例

图6.4　武汉市主城区不同研究年份各地表温度等级对应各LULC类型比例

6.5　城市LULC景观格局对地表温度的影响机制

从上文的分析可知，LULC空间分布对地表温度影响显著，但随着城市化进程的推进，研究区空间异质性不断提高，土地利用类型与地表温度的空间关系也愈发复杂。因为不仅地表覆盖类型的组成会影响地表温度的空间分布，LULC的组合方式与空间结构更是影响地表温度和城市热岛效应的重要因素。因此，本节以武汉市主城区空间异质性最高的 2016 年为例，从斑块、景观类型及景观水平三个层次选取景观指数，全面表征 LULC 景观格局特征；并将武汉市主城区格网化，以 3 km×3 km 为标准划分格网，得到有效网格 77 个；提取并统计各格网内地表平均温度及相应景观指数值，进行多因子综合分析，探讨城市景观格局特征的热环境效应；找出影响城市热岛效应的主要景观格局指数，明确其对城市热岛效应的贡献程度及生态意义。

6.5.1 武汉城市景观格局特征

为更好地理解各覆盖类型的景观空间布局，对 2016 年武汉市主城区主要景观特征进行统计（见表 6.6）。结合图 6.1 和表 6.6 可知，建设用地覆盖面积最大，为 440.4 km²，占主城区总面积的 64.0%；斑块平均面积为 19.3 hm²，破碎度为 5.2，说明建设用地更为均质和连续，表现出明显的城市基质特征，这也能从其欧氏邻近距离均值（77.6 m）最小得到佐证。城市绿化用地覆盖面积最小，仅为 115.0 km²，占总面积的 16.7%；但其斑块数量却最大，达到 7 114 个，说明随着城市化过程建设用地的扩张，绿化用地被不断挤压、侵占或切割，斑块平均面积仅为 1.6 hm²，为三种类型中最小；但其破碎度达到 61.9，是建设用地的 12 倍，说明武汉城市绿化用地破碎化非常严重。武汉被称为"百湖之市"，城市湖泊众多，水体斑块数量为 1 449 个，占主城区总面积的 19.3%；其斑块平均面积为 9.1 hm²，约为建设用地的 0.5 倍，但欧氏邻近距离却是最大，为建设用地的 2.3 倍，这说明城市水体相互距离较远但个体面积较大。

表 6.6 武汉市主城区 LULC 景观特征

LULC 类型	斑块数	面积/km²	占总面积比例/%	斑块平均面积/hm²	核心斑块总面积/km²	欧氏邻近距离均值/m	破碎度
建设用地	2 288	440.4	64.0	19.3	342.2	77.6	5.2
绿化用地	7 114	115.0	16.7	1.6	48.5	93.1	61.9
水体	1 449	132.3	19.3	9.1	106.8	176.1	11.0
整体景观	1 0851	687.7	100	6.3	497.5	100.9	15.8

6.5.2 各景观格局指数与地表温度的相关关系

1. 斑块水平指数与地表温度的相关性

按照 77 个格网统计分析斑块水平各景观格局指数与地表温度的相关性，相关系数见表 6.7。斑块水平格局指数如斑块面积、斑块周长、形状指数、邻近指数、相似度指数等与地表温度均显著或极显著相关，但相关系数的绝对值范围为 0～0.139，其与地表温度的线性相关性均较弱，不能有效地解释城市地表温度的空间变化。因此本节重点分析斑块类型和景观水平指数与地表温度的关系，探讨其对城市热场空间分布的影响。

表 6.7　斑块水平指数与地表温度的相关系数

指数名称	简称	相关系数
斑块面积	AREA	0
斑块周长	PERIM	−0.017[*]
回转半径	GYRATE	−0.048[***]
周长面积比	PARA	0.039[***]
形状指数	SHAPE	−0.064[***]
分维数	FRAC	−0.070[***]
近圆形形状指数	CIRCLE	−0.037[***]
邻近指数	CONTIG	−0.048[***]
核心斑块面积	CORE	0.004
核心斑块数量	NCORE	−0.050[***]
核心斑块面积比	CAI	−0.071[***]
邻近度指标	PROX	−0.040[***]
相似度指数	SIMI	−0.022[**]
边缘对比度	ECON	0.139[***]

注：[*] $P<0.1$；[**] $P<0.05$；[***] $P<0.01$；下同。

2. 斑块类型水平指数与地表温度的相关性

表 6.8 统计了斑块类型水平的各景观类型格局指数与地表温度的线性相关系数。面积指标与各景观类型地表温度均呈极显著相关，相关性为建设用地>水体>绿化用地，斑块类型的面积大小能较好地解释建设用地和水体的地表温度的变化，对绿化用地的解释则比较有限。密度指标与建设用地和绿化用地的地表温度总体呈极显著相关，而水体由于其分布特征，格网间密度变化过大，影响了密度指标对水体地表温度的解释；但回转半径均值（GYRATE_MN）则不受影响，可以作为表征密度特征的指标解释地表温度的变化。形状/边缘指标表示斑块类型形状的复杂程度，仅形状指数均值（SHAPE_MN）和周长-面积比均值（PARA_MN）与各斑块类型地表温度均极显著相关，但其相关性并不强。核心斑块指标与各景观类型的地表温度均呈极显著相关，其中核心斑块总面积（TCA）和核心斑块占景观面积比（CPLAND）与建设用地和水体的地表温度有较强的相关性；由于绿化用地核心面积较小且较为分散，与地表温度的相关性较弱。邻近度指标表示同类型斑块间的邻近和连接程度，其与各景观类型地表温度均相关，但与绿化用地地表温度相关性均较弱，邻近指标均值（PROX_MN）与建设用地和水体地表温度、相似度均值（SIMI_MN）与水体地表温度相关性较强。聚散性指标表示不同斑块类型间的团聚和分离程度，总体来说，与地表温度呈显著或极显著相关，其中连接度（CONNECT）、整体性（COHESION）和散布与并列指数（IJI）与各景观类型地表温度均极显著相关；有效粒度面积（MESH）和景观分裂指数（DIVISION）表现出相似的规律，即与建设用地

和水体的地表温度不仅极显著相关，且相关性较强，而与绿化用地地表温度的关系相对不显著且线性关系很弱。

表 6.8 斑块类型水平指数与地表温度的相关系数

指数类别	指数名称	简称	建设用地	绿化用地	水体
面积指标	斑块类型面积	CA	0.758***	−0.206*	−0.636***
	斑块所占景观面积比例	PLAND	0.886***	−0.328***	−0.818***
	最大斑块占景观面积比	LPI	0.870***	−0.350***	−0.840***
密度指标	斑块面积均值	AREA_MN	0.483***	−0.391***	−0.549***
	斑块数量	NP	−0.486***	0.605***	0.196*
	斑块密度	PD	−0.642***	0.564***	−0.0670
	回转半径均值	GYRATE_MN	0.481***	−0.556***	−0.627***
形状/边缘指标	景观形状指数	LSI	−0.428***	0.520***	0.186
	形状指数均值	SHAPE_MN	0.388***	−0.531***	−0.415***
	分维数均值	FRAC_MN	0.0670	−0.400***	−0.392***
	周长-面积比均值	PARA_MN	−0.227**	0.314***	0.430***
	近圆形形状指数均值	CIRCLE_MN	−0.199*	−0.078	−0.413***
	对比度加权边缘密度	CWED	−0.102	−0.078	−0.300***
	总边缘对比度	TECI	0.0830	0.182	0.234**
	边缘对比度均值	ECON_MN	0.338***	0.292***	−0.167
核心斑块指标	核心斑块总面积	TCA	0.781***	−0.311***	−0.630***
	核心斑块占景观面积比	CPLAND	0.875***	−0.352***	−0.814***
	独立核心斑块数量	NDCA	−0.290**	0.088	−0.180
	独立核心斑块密度	DCAD	−0.489***	−0.196*	−0.226**
	核心斑块面积均值	CORE_MN	0.473***	−0.371***	−0.534***
	独立核心斑块面积均值	DCORE_MN	0.505***	−0.361***	−0.599***
	核心斑块面积比均值	CAI_MN	0.394***	−0.537***	−0.466***
邻近度指标	邻近指数均值	CONTIG_MN	0.258**	−0.371***	−0.429***
	邻近指标均值	PROX_MN	0.677***	−0.218*	−0.580***
	相似度均值	SIMI_MN	−0.254**	−0.194*	0.744***
聚散性指标	有效粒度面积	MESH	0.800***	−0.212*	−0.602***
	连接度	CONNECT	0.384***	−0.529***	−0.608***
	整体性（斑块凝聚度）	COHESION	0.650***	−0.452***	−0.465***
	景观分裂指数	DIVISION	−0.861***	0.196*	0.768***
	散布与并列指数	IJI	−0.462***	−0.697***	−0.379***
	分离度	SPLIT	−0.440***	0.314***	0.174

3. 景观水平指数与地表温度的相关性

表 6.9 统计了景观水平指数与地表温度的线性相关系数。面积指标与地表温度均呈现极显著相关，最大斑块占景观面积比（LPI）与地表温度极显著相关且相关性最强，相关系数达 0.617，该值反映了格网内的优势景观类型及基质特征，从而主导或影响地表温

表 6.9 景观水平指数与地表温度的相关系数

指数类别	指数名称	简称	相关系数	指数类别	指数名称	简称	相关系数
面积指标	景观面积	TA	0.341***	核心斑块指标	核心斑块总面积	TCA	0.392***
	最大斑块占景观面积比	LPI	0.617***		独立核心斑块数量	NDCA	−0.108
密度指标	斑块面积均值	AREA_MN	0.055		独立核心斑块密度	DCAD	−0.424***
	回转半径均值	GYRATE_MN	−0.657***		核心斑块面积均值	CORE_MN	0.136
	斑块密度	PD	−0.123		独立核心斑块面积均值	DCORE_MN	0.407***
	斑块数量	NP	0.322***		核心斑块面积比均值	CAI_MN	−0.472***
形状指标	景观形状指数	LSI	−0.027	聚散性指标	蔓延度	CONTAG	0.626***
	形状指数均值	SHAPE_MN	−0.599***		相似邻近比例	PLADJ	0.367***
	分维数均值	FRAC_MN	−0.570***		聚合度	AI	0.304***
	周长–面积比均值	PARA_MN	0.325***		散布与并列指数	IJI	−0.573***
	近圆形形状指数均值	CIRCLE_MN	−0.369***		连接度	CONNECT	−0.483***
	周长面积分维	PAFRAC	−0.147		整体性（斑块凝聚度）	COHESION	0.614***
边缘指标	总边缘长度	TE	0.104		景观分裂指数	DIVISION	−0.631***
	对比度加权边缘密度	CWED	−0.194*		有效粒度面积	MESH	0.628***
	总边缘对比度	TECI	0.357***		分离度	SPLIT	−0.505***
	边缘对比度均值	ECON_MN	0.569***	多样性指标	斑块多度密度	PRD	−0.388***
	边缘密度	ED	−0.307***		香农多样性	SHDI	−0.685***
邻近度指标	邻近指标均值	PROX_MN	−0.004		simpson 多样性	SIDI	−0.687***
	相似度均值	SIMI_MN	−0.008		修正 simpson 多样性	MSIDI	−0.689***
	欧氏邻近距离均值	ENN_MN	0.369***		香农均匀度	SHEI	−0.685***
	邻近指数均值	CONTIG_MN	−0.367***		simpson 均匀度	SIEI	−0.687***
					修正 simpson 均匀性	MSIEI	−0.689***

度的变化方向和幅度。密度指标与地表温度极显著，且相关性最好的是回转半径均值（GYRATE_MN）；边缘指标与地表温度极显著且相关性最好的为边缘对比度均值（ECON_MN），这与斑块类型水平一致。形状指标是度量景观空间斑块形状复杂性的指标，总体来看，以均值形式表征形状复杂程度的指数如形状指数均值（SHAPE_MN）、分维数均值（FRAC_MN）等4种指数，与地表温度呈现极显著相关，且相关系数多为负数，说明斑块现状越复杂，地表温度越低。邻近度指标反映同类型斑块间的平均邻近程度，欧氏邻近距离均值（ENN_MN）和邻近指数均值（CONTIG_MN）与地表温度极显著相关，但并不能有效解释格网地表温度的变化。核心斑块指标中除独立核心斑块数量（NDCA）和核心斑块面积均值（CORE_MN）外，其他4个指数均与地表温度呈极显著相关，说明保护景观中对生态环境起到控制性作用的核心斑块对调节地表温度有着重要意义。聚散性指标涉及9个格局指数，均与地表温度呈现极显著相关，且相关性相对较强，说明各斑块类型的总体团聚或连接程度能够有效影响景观空间的热场布局。多样性指标反映景观组分及空间异质性程度，7个指数与地表温度均呈极显著负向相关，且相关程度比较接近；对于城市基质而言，景观空间组成越复杂、异质性越高，对地表温度的降温效果越好。

6.5.3 城市景观格局对地表温度的影响机制

1. 各景观格局指数间的相关性

对斑块水平（表6.10）、斑块类型水平（表6.11）和景观水平（表6.12）各景观格局指数进行相关性分析（篇幅所限，随机选取部分指数），发现大部分景观格局指数间呈现显著或极显著相关，部分指标相关性极强，如斑块类型水平上斑块类型面积（CA）与邻近指标均值（PROX_MN）（相关系数为0.902）、回转半径均值（GYRATE_MN）与斑块所占景观面积比例（PLAND）（相关系数为0.940）等，景观水平上最大斑块占景观面积比（LPI）与分离度（SPLIT）（相关系数为-0.938）、对比度加权边缘密度（CWED）与相似邻近比例（PLADJ）（相关系数为-0.912）等，表现出明显的信息重叠现象，说明表征景观格局特征的各指数在影响地表温度时相互作用，相互影响。

2. 各景观格局指数对LST的综合影响

为找出对地表温度影响最大的景观格局指数，明确其景观空间特征，对所有的景观格局指数进行逐步回归，逐渐引入的格局指数为：建设用地类型斑块所占景观面积比例（PLAND_C）、绿化用地类型相似度均值（SIMI_MN_G）、绿化用地类型邻近指标均值（PROX_MN_G）、绿化用地类型核心斑块占景观面积比（CPLAND_G）及水体类型斑块面积（CA_W）。值得注意的是，被引入多元回归方程的变量全为斑块类型水平指数，而斑块水平和景观水平的所有景观格局指数在逐步回归中都被剔除。

表 6.10 斑块水平各景观格局指数的相关系数

指标	AREA	PERIM	GYRATE	PARA	SHAPE	FRAC	CIRCLE	CONTIG	CORE	NCORE	CAI	PROX	SIMI	ECON
AREA	1													
PERIM	0.921***	1												
GYRATE	0.874***	0.908***	1											
PARA	-0.263***	-0.326***	-0.504***	1										
SHAPE	0.629***	0.796***	0.856***	-0.534***	1									
FRAC	0.299***	0.412***	0.567***	-0.647***	0.814***	1								
CIRCLE	0.070***	0.131***	0.265***	-0.736***	0.436***	0.777***	1							
CONTIG	0.291***	0.358***	0.547***	-0.988***	0.587***	0.701***	0.720***	1						
CORE	0.996***	0.881***	0.846***	-0.242***	0.576***	0.268***	0.056***	0.269***	1					
NCORE	0.632***	0.836***	0.793***	-0.436***	0.856***	0.517***	0.214***	0.472***	0.570***	1				
CAI	0.505***	0.549***	0.739***	-0.689***	0.633***	0.506***	0.303***	0.743***	0.482***	0.604***	1			
PROX	-0.027***	-0.029***	-0.038***	0.047***	-0.031***	-0.027***	-0.031***	-0.047***	-0.026***	-0.029***	-0.045***	1		
SIMI	0	-0.006 00	0.008 00	0.065***	-0.027***	-0.047***	-0.056***	-0.059***	0	-0.030***	-0.016 0	0.091***	1	
ECON	-0.056***	-0.036***	-0.075***	0.007 00	-0.009 00	0.006 00	0.002 00	-0.012 0	-0.059***	-0.008 00	-0.123***	-0.042***	-0.679***	1

表 6.11　斑块类型水平各景观格局指数（部分指标）的相关系数

指标	CA	PLAND	NP	PD	LPI	TE	ED	LSI	AREA_MN	GYRATE_MN	SHAPE_MN	FRAC_MN	PARA_MN	CIRCLE_MN	CONTIG_MN	TCA	CPLAND
CA	1																
PLAND	0.888***	1															
NP	-0.209***	-0.334***	1														
PD	-0.372***	-0.331***	0.804***	1													
LPI	0.883***	0.971***	-0.420***	-0.449***	1												
TE	0.581***	0.438***	0.519***	0.279***	0.337***	1											
ED	0.359***	0.506***	0.313***	0.463***	0.352***	0.728***	1										
LSI	0.006 00	-0.103	0.896***	0.732***	-0.221***	0.750***	0.587***	1									
AREA_MN	0.611***	0.574***	-0.297***	-0.350***	0.606***	0.081 0	0.003 00	-0.215***	1								
GYRATE_MN	0.551***	0.605***	-0.389***	-0.413***	0.626***	0.011 0	0.020 0	-0.297***	0.940***	1							
HAPE_MN	0.548***	0.673***	-0.324***	-0.275***	0.637***	0.224***	0.373***	-0.079 0	0.749***	0.843***	1						
FRAC_MN	0.217***	0.395***	-0.141**	0.003 00	0.306***	0.130**	0.403***	0.047 0	0.368***	0.517***	0.776***	1					
PARA_MN	-0.024 0	-0.137*	0.226***	0.146**	-0.095 0	0.174***	0.028 0	0.223***	-0.289***	-0.457***	-0.390***	-0.569***	1				
CIRCLE_MN	-0.168**	-0.024 0	0.031 0	0.155**	-0.096 0	-0.042 0	0.163**	0.072 0	-0.132**	0.036 0	0.198***	0.686***	-0.683***	1			
CONTIG_MN	0.044 0	0.161**	-0.257***	-0.178***	0.120*	-0.184***	-0.033 0	-0.252***	0.331***	0.503***	0.438***	0.606***	-0.992***	0.656***	1		
TCA	0.986***	0.890***	-0.316***	-0.450***	0.904***	0.442***	0.250***	-0.132**	0.661***	0.605***	0.553***	0.210***	-0.181***	-0.0540	0.079 0	1	
CPLAND	0.898***	0.983***	-0.408***	-0.437***	0.983***	0.334***	0.346***	-0.218***	0.630***	0.653***	0.648***	0.342***	-0.144**	-0.067 0	0.170***	0.923***	1

表 6.12 景观水平各景观格局指数（部分指标）的相关系数

指标	CONTAG	PLADJ	IJI	CONNECT	COHESION	DIVISION	MESH	SPLIT	PRD	SHDI	SIDI	MSIDI	SHEI	SIEI	MSIEI	AI
CONTAG	1															
PLADJ	0.760***	1														
IJI	-0.421***	-0.029 0	1													
CONNECT	-0.341***	-0.527***	0.209*	1												
COHESION	0.567***	0.713***	-0.340***	-0.801***	1											
DIVISION	-0.947***	-0.743***	0.357***	0.385***	-0.651***	1										
MESH	0.809***	0.799***	-0.262**	-0.689***	0.789***	-0.841***	1									
SPLIT	-0.784***	-0.712**	0.257**	0.310***	-0.667***	0.906***	-0.741***	1								
PRD	-0.259**	-0.528***	0.147	0.953***	-0.797***	0.284**	-0.630***	0.242**	1							
SHDI	-0.979***	-0.623***	0.509***	0.310***	-0.516***	0.923***	-0.765***	0.732***	0.215*	1						
SIDI	-0.980***	-0.667***	0.431***	0.362***	-0.548***	0.946***	-0.801***	0.761***	0.259**	0.990***	1					
MSIDI	-0.969***	-0.653***	0.435***	0.357***	-0.548***	0.942***	-0.790***	0.784***	0.257**	0.981***	0.993***	1				
SHEI	-0.979***	-0.623***	0.509***	0.310***	-0.516***	0.923***	-0.765***	0.732***	0.215*	1.000***	0.990***	0.981***	1			
SIEI	-0.980***	-0.667***	0.431***	0.362***	-0.548***	0.946***	-0.801***	0.761***	0.259**	0.990***	1.000***	0.993***	0.990***	1		
MSIEI	-0.969***	-0.653***	0.435***	0.357***	-0.548***	0.942***	-0.790***	0.784***	0.257**	0.981***	0.993***	1.000***	0.981***	0.993***	1	
AI	0.759***	0.984***	0.019 0	-0.377***	0.610***	-0.736***	0.729***	-0.718***	-0.373***	-0.614***	-0.655***	-0.641***	-0.614***	-0.655***	-0.641***	1

对引入回归方程的各变量进行主成分回归分析，得到相应的标化线性回归方程和一般线性回归方程（表6.13）。通过标化线性回归方程可知各格局指数（自变量）对于地表温度（因变量）的重要性，对格网地表温度影响最大的是格网内水体总面积，其次是建设用地占景观面积的比例，两者的标化回归系数非常接近；由于研究中格网面积固定，格网内斑块类型面积及其占景观面积的比例表征的结构特征相同，水体面积（比例）和建设用地面积（比例）对格网地表温度变化的贡献度相近。绿化用地核心斑块是绿化用地中对景观流起主导或控制作用的斑块，通常都是通过面积大小、连接程度、聚集程度体现优势，即绿化用地依次通过核心斑块占景观面积比、相似度均值、邻近指标均值影响地表温度及热场变化。总体来看，对地表温度影响最大的水体面积、建设用地比例、绿化用地核心面积比例均是表征景观组分特征的指数，而表征景观组合方式的绿化用地相似度均值和邻近指标均值对地表温度的影响较弱。

表6.13　景观格局指数与地表温度的主成分回归方程

类型	回归方程	R^2
标化线性回归方程	LST′=0.738PLAND_C-0.264PROX_MN_G-0.271SIMI_MN_G-0.307CPLAND_G-0.754CA_W	
		0.830
一般线性回归方程	LST =10.992PLAND_C-0.9PROX_MN_G-0.8SIMI_MN_G-10.404CPLAND_G-0.019CA_W+37.147	

从表6.13还知，建设用地类型斑块所占景观面积比例与地表温度呈现正向关系，硬化地表和建筑密度的增加对地表温度的升高有着正向促进作用，当其他因素不变时，建设用地每增加10%，将使地表温度上升1.0 ℃。城市水体面积与地表温度呈负向关系，开敞水面能形成通风廊道，既能大量接纳和降解城市的污染物，还有利于城市污染物和热量的扩散，从而有效缓解城市热岛效应；当其他因素稳定时，格网内水体面积每增加 10 hm²，可使地表温度下降 0.2 ℃。绿化用地核心斑块占景观面积比、相似度均值、邻近指标均值均与地表温度呈现负向相关，城市绿化用地植被不仅能有效阻挡太阳辐射，还能通过植物蒸腾作用带走大量的环境热，绿化用地核心面积比例每增加10%，可降温1.0 ℃；相似度均值和邻近指标均值每增加0.1，可使地表温度下降 0.09 ℃和 0.08 ℃。

6.6　本章小结

本章旨在明确 1987～2016 年武汉市主城区 LULC 空间分布及格局特征对城市地表温度及热岛效应空间格局的影响，为优化城市用地布局、改善城市热环境状况、提升城市人居环境质量提供生态学途径。地表温度空间分布与土地利用分布的叠加结果显示，热岛分布范围与建设用地扩张在空间上表现出良好的一致性，1987 年、1996 年、2007 年和 2016 年次高温区和高温区（相对热岛区域）分布在建设用地的比例分别为 50.79%～96.30%和 85.78%～99.19%；城市"冷岛"效应基本与城市水体的分布较为一致，低温区 74.49%～98.07%分布在水体区域。但农用地和绿化用地与地表温度的空间关系相对较弱，且在不同时期，其他地表温度等级内土地利用类型的组成及比例并不稳定，一定程度上受到整体热环境特征变化和 LULC 空间结构特征的影响。

因此，本章将武汉市主城区格网化获得多个研究样本，并从斑块水平、斑块类型水平和景观水平三个级别选择常见的景观格局指数，多样本、多指标综合分析城市景观格局对城市热场空间分布的影响，能更加全面地反映各指数对城市热岛效应的影响程度及贡献度，结果如下。

（1）对解释城市地表温度空间变化而言，景观格局指数之间相关性较强，信息交叉重叠现象严重，现有的景观格局指标体系存在冗余。对 136 个景观指数与地表温度进行单因子影响分析时，76% 以上的景观指数与地表温度的线性关系在 0.01 的置信度水平上是显著的；但分析景观格局指数对地表温度的综合影响，发现对城市热岛效应这一具体生态现象起主要作用且相互独立的指数只有 5 个。

（2）影响地表温度的主要景观指数全为斑块类型水平，景观组成比景观空间结构特征更能解释地表温度的变化。研究中被引入多元回归方程的变量分别为建设用地类型斑块所占景观面积比例、绿化用地类型相似度均值、绿化用地类型邻近指标均值、绿化用地类型核心斑块占景观面积比及水体斑块类型面积，全为斑块类型水平指数，而斑块水平和景观水平的所有格局指数在逐步回归中都被剔除。对地表温度变化影响前三位的分别是水体面积、建设用地比例和绿化用地核心面积比例，均是表征景观组分的指标，其贡献度明显大于表征空间组合方式的绿化用地类型相似度均值和绿化用地类型邻近指标均值两个指标。

（3）建设用地和水体通过面积变化影响地表温度，当其他因素不变时，格网内建设用地每增加 10%，地表温度上升 1.0 ℃；水体面积每增加 10 hm²，地表温度下降 0.2 ℃。而绿化用地影响城市地表温度主要是核心斑块面积大小及绿化用地斑块间的邻近程度，说明只有绿化用地斑块集中达到一定规模时，其缓解热岛效应的生态作用才能有效发挥，绿化用地核心面积比例每增加 10%，可降温 1.0 ℃；相似度均值和邻近度均值每增加 0.1，可降温 0.09 ℃和 0.08 ℃。因此合理控制城市建设用地扩张、保护城市水域空间、保留或增加大面积的城市公园绿地，或将多个小型绿地连通、聚集，是城市热环境空间优化的有效途径。

研究分析了 136 个常用的景观格局指数对城市地表温度的综合影响，能更全面的反映景观格局的热环境效应，结果发现影响城市热场空间变化的主要因素只有 5 个，且全为斑块类型水平的景观指数；而在相关研究中经常被选择的如破碎度（徐涵秋，2011）、景观分裂度（尹昌应 等，2015）、景观多样性（周雅星 等，2014；Connors et al.，2013；岳文泽 等，2006）等景观水平的指数并没有出现。主要是因为景观水平的格局指数多是基于斑块类型水平的面积、形状、距离等指标的空间关系分析得到，与斑块类型水平的指数相关性较强，表征的格局特征信息重叠，部分指数的生态意义在本质上是重复的。如本章涉及的 7 个表征景观多样性或空间复杂性的多样性指标，与地表温度在 0.01 的置信度水平上均显著相关，且相关性也较强，但在逐步回归过程中均被剔除，主要原因在于多样性指数或均匀度指数等依赖于各斑块类型相对面积的比重，只要各类型相对面积不变，即使空间格局改变了，其值依然稳定（李秀珍 等，2004）。因此，当同时选择斑块类型指数（水体面积、建设用地面积等）和景观水平的景观指数（相关多样性指标）

表征景观格局特征，探讨其对热场空间变化的影响时，就只有斑块类型水平的指数保留了下来。

表征景观组分特征的指数如水体面积、建设用地比例、绿化用地核心面积比例被证实比表征景观组合方式的绿化用地相似度均值和邻近指标均值对地表温度影响更大，景观组成比景观空间组合方式更能解释热场空间的变化，这与前人的相关研究结论一致（Estoque et al.，2017；Zhou et al.，2011；岳文泽和徐丽华，2007）。但就具体的贡献度而言，Estoque 等（2017）、Zhou 等（2016）和 Connors 等（2013）认为建设用地和绿化用地占比是地表温度最重要的影响因素，但本章中对地表温度贡献度最大的是水体面积和建设用地比例，而绿化用地的影响力则相对较弱。主要原因在于他们的研究区域包括城区及近郊，是人工地表和自然地表的综合体，自然地表能呈现出明显的小气候特征，发挥降低城市地表温度的生态效应；而本章的研究范围为武汉市主城区，建设用地斑块趋于集聚、成片，城市基质特征非常突出，城市绿化用地被切割碎片化，相互之间的连接性和聚集程度变弱，破碎化程度较高，对地表温度的影响作用被平抑或抵消（Zhang et al.，2009）。

本章选择所有常见的景观指数表征城市景观格局特征，探讨其对城市热场空间变化的多因子综合影响，找到影响城市地表温度的主要格局特征，既能避免疏漏影响城市热岛效应的重要景观指数，又能剔除重复冗余的相关景观指数，实现了研究结果的可比性和普适性；采用格网化方法进行数据统计，可得到足够的样本量，还能有效反映城市景观覆盖特征的复杂性及空间异质性，提高研究的科学性。但景观格局指数有着明显的尺度依赖性，格网大小则是决定研究尺度的关键。相关研究发现 3 km×3 km 是大部分景观格局指数发生质变的尺度阈值（王艳芳 等，2012），本章选择 3 km×3 km 作为格网划分的标准，虽然在一定程度上避免了尺度选择的盲目性，但是针对城市热岛效应这一具体的生态过程，景观格局指数的尺度性特征并没有进行深入的分析和验证，这是本章存在的不足，有待进一步的探讨。

第7章 城市LULC变化对热岛时空演变的影响机制

LULC 的空间布局与城市地表温度分布特征具有良好的空间一致性，地表覆盖特征对城市热环境空间分布有着显著影响。城市化过程往往伴随着农田、林地、湖泊等自然景观向商业中心、工厂、道路等人工覆盖类型的转变，地表覆盖特征的改变影响了城市的热环境特征和空间分布格局。但城市土地利用变化具有多样性、复杂性和系统性，与城市地表温度的关系不是简单的对应关系或单一的线性相关关系（刘焱序 等，2017），土地利用变化过程中涉及的土地利用类型转变、分布格局变化和空间异质性都会对地表温度产生影响，进而影响城市热岛效应的形成和演变（Deilamia et al.，2018；Chapman et al.，2017）。随着城市化进程的持续或加速，模拟城市热岛效应形成和时空演变过程，明确其对 LULC 变化的动态响应规律，深入、系统地了解城市 LULC 变化对热岛效应的影响机制，对于深入理解城市化对城市热岛效应形成、演变的推动作用，探求缓解城市热岛效应的对策有着非常重要的意义。

众多研究表明，地表温度高值区往往分布在建设用地集中的区域，建设用地规模扩张是城市热岛范围扩大、等级增强的重要原因（谢启姣和欧阳钟璐，2020；Deilamia et al.，2018；谢启姣 等，2016；杨英宝 等，2007）。但不同城市扩展模式不同，从而对城市热岛空间分布变化趋势的影响存在差异，导致不同研究得到的结论不同。如北京市热岛分布格局由摊大饼式转变为"中心城区+卫星城镇"分散式，热岛重心逐渐向东北方向偏移，与相应时期城市拓展方向吻合（葛荣峰 等，2016；Quan et al.，2014）；成都市热岛空间分布受建成区扩展影响，由单中心集中分布转变为多中心环形分布（张好 等，2014）；包头市热岛空间格局由"多中心组团式"向"集中连片式"演变（庄元 等，2017）；沈阳市热岛分布格局均由单中心模式向多中心模式转变（李丽光 等，2013）。城市热岛空间分布格局受到建设用地布局及城市扩张模式的动态影响，但这些研究往往过多关注两者空间分布变化的关联性，建设用地扩张对热岛分布格局变化的动态影响机制尚不够明确。

部分学者基于不同时相遥感影像的 LULC 对比来描述土地利用变化特征及趋势，通过热红外波段反演地表温度来表征城市热岛，利用多种空间分析方法探讨城市土地利用分布格局对热岛空间分布和变化的影响（Silva et al.，2018；张伟 等，2015；Lazzarini et al.，2013），并通过统计不同土地利用类型的地表温度平均值和标准差大小，或在划分地表温度等级的基础上，统计不同热岛等级内各地类面积大小来描述热岛演变对土地利用类型的响应，以及不同土地利用变化模式对热岛演变的影响。研究表明，城镇用地类型地表温度往往最大，绿地或湖泊水域地表温度通常最小，建成区面积的扩张和城市绿地、水体面积不断缩减的土地利用变化模式是城市热岛等级增强的主要原因。这类研究主要通过对比土地利用与地表温度的变化趋势来探讨土地利用变化对热岛演变的影响，得到的结论往往是基于类型与类型间的静态对比，无法量化 LULC 变化对热岛效应的时空动态影响。

本章在已获得 1987 年、1996 年、2007 年和 2016 年武汉市主城区 LULC 和地表温度的基础上，统计各时间段、各温度等级区域内土地利用类型的面积及占比，进一步分析城市热岛效应对土地利用类型的响应规律；并对不同时期 LULC 类型和热岛等级进行转移矩阵分析，明确相应时期 LULC 和城市热岛的转移方向、幅度和趋势，探讨 LULC 时空变化对城市热岛效应时空演变的动态作用机制，为调整城市用地布局、提升城市热环境质量提供科学参考。

7.1 研究方法

7.1.1 主城区热岛时空演变刻画

本章选择 1987 年 9 月 26 日、1996 年 10 月 4 日、2007 年 4 月 10 日 Landsat 5 影像及 2016 年 7 月 23 日 Landsat 8 影像，以武汉市主城区为主要研究范围进行裁剪，反演得到武汉市主城区 4 个研究年份的地表温度（方法见 3.1.1 小节）；基于研究区范围的地表温度平均值及标准差，采用密度分割法得到相应时期的地表温度等级（方法见 3.1.3 小节），表征相对热岛分布情况；并在此基础上进行地表温度等级的转移矩阵分析，详细刻画不同研究时期各地表温度等级转移的数量、幅度和风向，明确相对热岛的时空演变特征（方法见 3.1.4 小节）。

7.1.2 城市 LULC 变化模拟

在对 1987 年、1996 年、2007 年和 2016 年进行 LULC 类型划分（具体见 6.1.2 小节）的基础上，在 ArcGIS 中利用栅格计算器工具进行土地利用转移矩阵分析，叠加结果不仅可以得到前后两个时期内各土地利用类型之间的转移数量、幅度和方向，还可以明确不同转移类型的空间分布情况。因此，本章分别对 1987~1996 年、1996~2007 年、2007~2016 年及 1987~2016 年不同时间段内土地利用进行转移矩阵分析，其数学模型如下：

$$\boldsymbol{S}_{ij} = \begin{bmatrix} S_{11} & S_{12} & S_{13} & \cdots & S_{1n} \\ S_{21} & S_{22} & S_{23} & \cdots & S_{2n} \\ S_{31} & S_{32} & S_{33} & \cdots & S_{3n} \\ \vdots & \vdots & \vdots & & \vdots \\ S_{n1} & S_{n2} & S_{n3} & \cdots & S_{nn} \end{bmatrix} \quad (7.1)$$

式中：S 为面积；n 为土地利用的类型数；i、j 分别为转移前、后的土地利用类型。第一行代表由第一类土地利用类型转出为其他土地利用类型的面积，第一列代表由其他土地利用类型转入为第一类土地利用类型的面积，其余行列的含义以此类推。

7.2 1987～2016 年城市 LULC 时空动态变化

为探讨武汉市主城区土地利用时空变化特征，对 1987～2016 年不同研究时期的研究区土地利用变化进行转移矩阵分析。

7.2.1 1987～1996 年 LULC 时空变化

图 7.1 为 1987～1996 年武汉市主城区 LULC 类型的时空演变格局，表 7.1 为对应各用地类型间转移面积的统计。各土地利用类型转移中，农用地转建设用地为最主要的转移类型，转移面积为 90.38 km²，是农用地主要转出方向，占农用地转出面积的 72.39%，是建设用地转入面积的最大贡献者，占建设用地转入面积的 78.13%；主要沿原城市建成区外围分布，集中于汉口火车站附近、二环线汉口段—长丰大道沿线、青化路立交—青王路沿线、武汉光谷片区、墨水湖北路—龙阳大道—东风大道沿线及武汉经济开发区，呈现出沿新建道路线形分布的特征。农用地是变化最为频繁、转出面积最大的用地类型，共转出 124.84 km²，除 72.39% 转为建设用地外，余下 22.93%、4.68% 分别转为水体、绿化用地；转入面积仅 32.17 km²，54.49% 来源于水体，集中分布在江岸区后湖片，23.19% 和 22.32% 来自建设用地和绿化用地。建设用地是转入面积最大的用地类型，共转入 115.68 km²，其中 90.38 km²（78.13%）来源于农用地，余下 14.27 km²（12.34%）和 11.03 km²（9.53%）分别来源于水体和绿化用地，水体转建设用地主要分布在沙湖、后湖附近，表现为城市建设对城市水体的侵占；绿化用地转建设用地集中在中山公园周围。但建设用地仅有 12.05 km² 转变为农用地（7.46 km²）、水体（2.37 km²）和绿化用地（2.22 km²）。

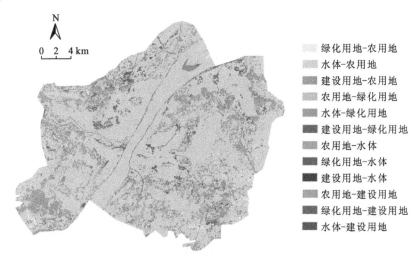

图 7.1 1987～1996 年武汉市主城区 LULC 时空变化

表 7.1　武汉主城区 1987～1996 年土地利用转移矩阵表　　　（单位：km²）

类型	农用地	绿化用地	水体	建设用地	总计
农用地	—	5.84	28.62	90.38	124.84
绿化用地	7.18	—	1.31	11.03	19.52
水体	17.53	1.14	—	14.27	32.94
建设用地	7.46	2.22	2.37	—	12.05
总计	32.17	9.20	32.30	115.68	189.35

水体的总面积变化不大，仅减少 0.64 km²，这一时期水体面积共转出 32.94 km²，其中 53.22%转为农用地，43.31%转为建设用地；水体转入面积共计 32.30 km²，其中 88.61%来源于农用地。尽管水体面积总体上保持平稳变化，但其与其他用地类型的时空转变却并不稳定，水体面积的变化主要体现为与农用地的相互转变，一方面由于分布在天兴洲、南太子湖及东湖等湖泊边缘的农用地被连入水体范围而使水体面积扩张，但另一方面靠近三环线附近的部分水体由于围湖造田而导致面积萎缩。绿化用地面积减少明显，转出面积明显大于转入面积，9 年间共转出 19.52 km²，其中 56.61%转为建设用地、36.78%转为农用地；而转入面积共计 9.20 km²，63.48%都来源于农用地。总之，1987～1996 年，武汉市主城区农用地和绿化用地面积减少，且均以建设用地为主要转出方向，促使建设用地面积大量增加，这种土地利用方式改变与人类活动密切相关，城市建设和经济发展势必会进一步扩大土地资源需求，而城市道路交通的发展使得不同空间得以联通，城市人口的增加带来居住、娱乐、配套设施等建设用地需求的增长，使得主要道路沿线大量农用地转为建设用地，建设用地面积扩张以牺牲大量农用地为代价。

7.2.2　1996～2007 年 LULC 时空变化

图 7.2 为 1996～2007 年武汉市主城区 LULC 类型的时空演变格局，表 7.2 为对应各用地类型间转移面积的统计。从图 7.2 可知，由于二环线内原建成区范围可开发面积不足、发展空间有限，土地利用类型总体上变化不大，这一时期土地利用变化大都发生在二环线外。各 LULC 转移类型中，最主要的类型为农用地转建设用地，转移面积为 92.39 km²，占农用地转出面积的 90.14%和建设用地转入面积的 62.20%；主要分布于研究区内外围，如武汉经济开发区周边、东湖新技术开发区光谷片区（光谷科技港、光谷软件园、关南工业园等产业园），南湖生活片区（万科城市花园、保利十二橡树庄园等居住小区）等区域。其次为水体转建设用地，转移面积为 48.46 km²，城市建设尤其是房地产的迅速发展对主城区内部大型湖泊的蚕食与侵占，如沙湖、南湖、东湖等水体边缘均不同程度地遭到填埋和建设。沙湖填占现象从 20 世纪 80 年代就一直存在，起初由于沿湖居民增加，人们纷纷开始围湖造田、填湖建房，后随着城市化的加速，沙湖周围逐渐成为开发热土；南湖附近也由于房地产开发的兴起出现许多高校、住宅区、商业区，由此导致水体面积向建设用地转变，城市建设和社会发展的需要是这一时期土地利用变化

的最大驱动力。

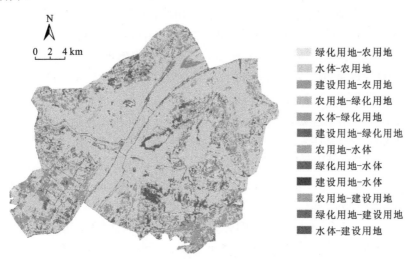

图 7.2　1996～2007 年武汉市主城区 LULC 时空变化

表 7.2　武汉市主城区 1996～2007 年土地利用转移矩阵表　　　　（单位：km²）

类型	农用地	绿化用地	水体	建设用地	总计
农用地	—	5.57	4.54	92.39	102.50
绿化用地	3.82	—	0.16	7.69	11.67
水体	34.34	7.53	—	48.46	90.33
建设用地	19.06	1.98	0.46	—	21.50
总计	57.22	15.08	5.16	148.54	226.00

可见，建设用地为最主要的转入类型，共从其他土地利用类型转入 148.54 km²，其中 62.20% 来源于农用地，其余 32.62% 和 5.18% 分别来源于水体和绿化用地，建设用地最主要的转入来源依然是农用地，但水体的贡献明显增加。相应地，农用地是最主要的转出类型，农用地共转出 102.50 km²，其中 92.39 km²（90.14%）转为建设用地，5.57 km²（5.43%）转为绿化用地、4.54 km²（4.43%）转为水体；农用地转入面积共计 57.22 km²，其中 34.34 km²（60.01%）来源于水体，相较于前一时期农用地主要转入转出方向不变。这一时期，水体面积变化较大，共减少了 85.17 km²，转出面积 90.33 km²，明显大于转入面积 5.16 km²；转出面积中 53.65%（48.46 km²）转为建设用地，38.02%（34.34km²）转为农用地，8.33%（7.53 km²）转为绿化用地。而绿化用地与其他用地类型的转变较为稳定，转入面积（15.08 km²）略大于转出面积（11.67 km²）。

7.2.3　2007～2016 年 LULC 时空变化

图 7.3 为 2007～2016 年武汉市主城区 LULC 类型的时空演变格局，表 7.3 为对应各用地类型间转移面积的统计。相比 1987～1996 年和 1996～2007 年，土地利用转移的空

间分布范围明显减少，但农用地转建设用地依然是最主要的土地转移类型，转移面积为 88.11 km²，是农用地转出的最重要原因，占农用地转出面积的 93.70%；也是建设用地转入的主要来源，占建设用地转入面积的 83.87%。农用地转建设用地主要发生在三环线附近，如东风大道高架桥—白沙洲大桥—庙山立交桥段等附近，南太子湖以北的农用地几乎全部被建设用地侵占，东湖风景区附近农用地也普遍转变为建设用地。由于这一时期研究区发展空间受限，城市发展和建设重点已开始向三环外转移，研究区各土地类型的面积变化比前两个时期更为稳定，但农用地仍在大量转出，依然是最主要的转出类型，9 年间共转出 94.03 km²，其中 93.70%转出为建设用地；转入面积为 18.54 km²，其中 15.33 km²（82.69%）来源于建设用地，主要是基本农田保护政策实施使得部分农用地得以返还。相应地，建设用地为最主要的转入类型，共转入 105.06 km²，其中 88.11 km²（83.87%）来源于农用地，10.84 km²（10.32%）来源于绿化用地，仅有 6.11 km²（5.82%）来源于水体，相比 1996～2007 年水体转入的比例明显减少，一定程度上与政府采取的城市湖泊保护等举措有关。水体和绿化用地变化面积较小，水体转出面积仅为 6.87 km²，而转入面积共计 10.49 km²，导致水体面积有所增加；绿化用地共转出 14.34 km²，转入8.95 km²，面积有所减少。总之，研究区 2007～2016 年土地利用变化相对较为稳定，各类型间转移面积明显减少，但农用地转建设用地仍占绝对优势，建设用地扩张使得农用地进一步被侵占。

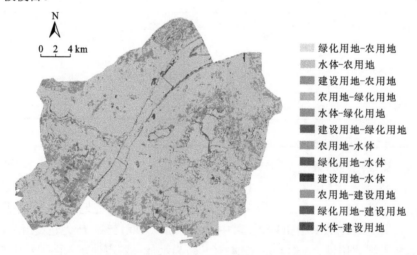

图 7.3　2007～2016 年武汉市主城区 LULC 时空变化

表 7.3　武汉市主城区 2007～2016 年土地利用转移矩阵表　　　（单位：km²）

类型	农用地	绿化用地	水体	建设用地	总计
农用地	—	3.81	2.11	88.11	94.03
绿化用地	2.76	—	0.74	10.84	14.34
水体	0.45	0.31	—	6.11	6.87
建设用地	15.33	4.83	7.64	—	27.80
总计	18.54	8.95	10.49	105.06	143.04

7.2.4 1987～2016 年 LULC 时空变化

图 7.4 为 1987～2016 年武汉市主城区 LULC 类型的时空演变格局，表 7.4 为对应各用地类型间转移面积的统计。29 年间，研究区除原建成区范围外，其他覆盖范围土地利用类型变化显著，其中最主要的土地利用转移类型为农用地转为建设用地，转移面积为 218.27 km²，占建设用地转入面积的 69.16%，占农用地转出面积的 95.36%。由图 7.4 可知，建设用地为主要的转入类型，共转入 315.58 km²，除大部分来源于农用地外，水体也是其主要来源，为其转入面积的 25.00%（78.90 km²）。原有建成区外围分布的大面积农用地几乎全部被建设用地所替代，武汉经济开发区、武钢工业区外围、洪山区光谷片区及汉口火车站—长丰大道沿线、江岸区后湖水域周围等均转为建设用地，沙湖、南湖和南太子湖等城市湖泊沿岸部分水域因房地产开发被填埋。随着城市道路系统建设和基础设施升级，城市建设用地迅速向外扩张，大量侵占农用地和水体等自然土地资源，显著影响着城市土地利用分布格局。

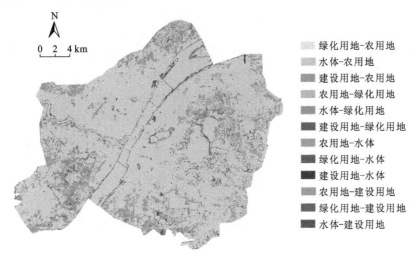

图 7.4 1987～2016 年武汉市主城区 LULC 时空变化

表 7.4 武汉市主城区 1987～2016 年土地利用转移矩阵表 （单位：km²）

类型	农用地	绿化用地	水体	建设用地	总计
农用地	—	4.89	5.73	218.27	228.89
绿化用地	3.45	—	0.12	18.41	21.98
水体	7.91	1.64	—	78.90	88.45
建设用地	4.09	3.15	0.41	—	7.65
总计	15.45	9.68	6.26	315.58	346.97

7.3 1987～2016年武汉市主城区热岛时空动态演变

为探讨武汉市主城区热岛时空演变特征,利用转移矩阵分析方法对1987～2016年不同研究时期的地表温度等级转移时空特征进行模拟。

7.3.1 1987～1996年武汉市主城区热岛等级时空演变

图7.5为1987～1996年武汉市主城区各地表温度等级转移的空间分布图,由于地表温度等级反映地表温度的相对高低,一定程度上能反映出研究区相对热岛的分布特征。从地表温度等级提高的转移类型看:中温区(III级)转次高温区(IV级)和高温区(V级)的范围主要集中在武汉经济技术开发区、汉口火车站附近等,以及友谊大道与团结大道之间的主城区;次高温区(IV级)转高温区(V级)主要发生在发展大道—长丰大道、墨水湖北路—鹦鹉洲长江大桥—雄楚大街等主要道路沿线;次低温区(II级)向中温区(III级)转移主要分布在后湖、东湖附近。从地表温度等级降低的转移类型看:中温区(III级)、次低温区(II级)转低温区(I级)主要发生在后湖、沙湖、南湖等城市湖泊周围;中温区(III级)转次低温区(II级)主要发生在三环线外南太子湖周围;高温区(V级)转次高温区(IV级)主要发生在二环线内江岸区、江汉区、硚口区沿江等建成区的商住区域。总体看,这一时期武汉市主城区热环境变化为,主要道路沿线地表温度等级呈升高趋势,城市湖泊等大型水体周围温度等级呈现降低的分异特征。

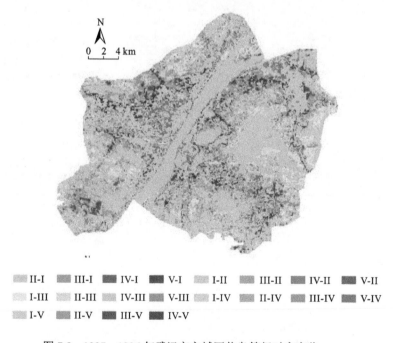

图7.5 1987～1996年武汉市主城区热岛等级时空变化

表7.5为1987～1996年武汉市主城区各地表温度等级转变的面积统计,总体来看,

地表温度由低等级向高等级转变的总面积为 169.66 km^2，其中贡献最大的温度级别转移类型为中温区（Ⅲ级）转次高温区（Ⅳ级），占级别升高面积的 39.96%；由高等级向低等级转变的面积为 140.25 km^2，其中中温区（Ⅲ级）转次低温区（Ⅱ级）、次低温区（Ⅱ级）转低温区（Ⅰ级）、高温区（Ⅴ级）转次高温区（Ⅳ级）和中温区（Ⅲ级）转低温区（Ⅰ级）为温度级别下降的主要原因，且贡献度相当，分别占由高向低等级转变总面积的 20.81%、19.27%、19.22%和 18.97%。

表 7.5　武汉市主城区 1987～1996 年地表温度等级转移矩阵表　　　　（单位：km^2）

等级	低温区	次低温区	中温区	次高温区	高温区	总计
低温区	—	11.61	9.95	1.24	0.63	23.43
次低温区	27.03	—	26.97	4.47	1.28	59.75
中温区	26.61	29.18	—	67.69	18.03	141.51
次高温区	1.05	2.74	18.96	—	27.79	50.54
高温区	0.88	0.78	6.06	26.96	—	34.68
总计	55.57	44.31	61.94	100.36	47.73	309.91

在所有地表温度等级中，中温区（Ⅲ级）的变化最为频繁，研究期间转出面积共计 141.51 km^2，其中 67.69 km^2（47.83%）和 18.03 km^2（12.74%）转为次高温区（Ⅳ级）和高温区（Ⅴ级），29.18 km^2（20.62%）和 26.62 km^2（18.81%）分别转为次低温区（Ⅱ级）和低温区（Ⅰ级），其转出方向总体为高级别；转入面积共计 61.94 km^2，其中 26.97 km^2（43.54%）、18.96 km^2（30.61%）分别来源于次低温区（Ⅱ级）、次高温区（Ⅳ级），由低级别转入面积大于由高级别转入面积。结合图 6.2（a）、图 6.2（b）和图 7.5 可知，大部分中温区（Ⅲ级）向次高温区（Ⅳ级）和高温区（Ⅴ级）转变，城市热环境特征由原来的较均衡分布改变为热岛效应逐渐明显的趋势。转入面积最大的为次高温区（Ⅳ级），共转入 100.36 km^2，其中 67.79 km^2（67.45%）来源于中温区（Ⅲ级），26.96 km^2（26.86%）来源于高温区（Ⅴ级）；转出面积共计 50.54 km^2，其中 27.79 km^2（54.99%）和 18.96 km^2（37.51%）分别转为高温区（Ⅴ级）和中温区（Ⅲ级），可见超过一半的次高温区温度等级增加。中温区（Ⅲ级）向次高温区（Ⅳ级）的转变及中温区（Ⅲ级）、次高温区（Ⅳ级）向高温区（Ⅴ级）的转变使得这一时期地表温度等级升高，热岛覆盖面积明显增加。

7.3.2　1996～2007 年武汉市主城区热岛等级时空演变

图 7.6 为 1996～2007 年武汉市主城区各地表温度等级转移的空间分布图，相较 1987～1996 年，这一时期研究区地表温度发生等级变化的区域明显增加，且各等级时空演变发生明显变化。从温度等级上升的主要转移类型看：低温区（Ⅰ级）、次低温区（Ⅱ级）转中温区（Ⅲ级）主要发生在南湖、沙湖、南太子湖及东湖风景区等大型城市湖泊附近；中温区（Ⅲ级）转次高温区（Ⅳ级）主要分布于东湖新技术开发区；其他温度级

别转高温区（V 级）主要发生在天兴洲滩头、汉口火车站附近、汉正街都市工业园、武汉经济技术开发区等区域。从温度等级降低的主要类型看：高温区（V 级）转次高温区（IV 级）分布范围最广，主要发生在武汉市建筑密集、建设成熟的建成区，包括二环线以内长江、汉江沿岸的商业、住宅等用地范围，以及武钢工业区等；次高温区（IV 级）、高温区（V 级）转中温区（III 级）主要发生在二环线以内、零散分布的公园绿地或城市水体附近，东湖与沙湖之间的区域尤为集中；从其他级别转入次低温区（II 级）或低温区（I 级）则主要分布在东湖风景区内磨山、马鞍山、吹笛山等自然山体范围，以及朱家河、墨水湖、南太子湖等离建成区较远的大型水体附近。总之，这一时期研究区范围表现为二环线内热岛等级降低，二环线外等级上升的趋势，表明热岛覆盖区域由中心向外转移，一方面是由于城市建设中心的外移引起地表温度等级变化，另一方面则是由于2007 年春季研究区内地表温度差异减小影响温度级别划定。

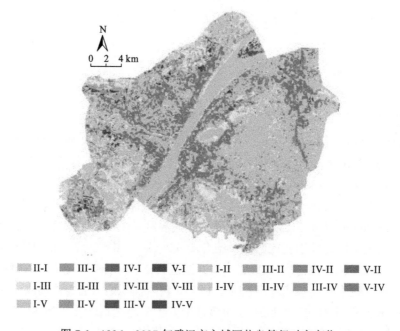

图 7.6　1996～2007 年武汉市主城区热岛等级时空变化

表 7.6 统计了 1996～2007 年武汉市主城区各地表温度等级转变的方向及面积，结果显示，地表温度由低等级向高等级转变的总面积为 159.44 km^2，其中转移面积最大的 3 个类型为中温区（III 级）转次高温区（IV 级）、低温区（I 级）转中温区（III 级）及次低温区（II 级）转中温区（III 级），分别占级别升高面积的 24.84%、23.64% 和 19.52%；由高等级向低等级转变的面积为 200.19 km^2，高温区（V 级）转次高温区（IV 级）和次高温区（IV 级）转中温区（III 级）为其等级变化的最大贡献类型，分别由高向低等级转变总面积的 43.27% 和 33.40%。尽管这一时期地表温度由高等级向低等级转变的面积明显大于由低等级向高等级转变的面积，但不能排除季节性差异对地表温度分级的影响；同时，地表温度由高等级向低等级转变时，最主要的转移类型为高温区（V 级）转为次高温区（IV 级），虽然温度级别降低，但是高温区和次高温区均为热岛效应对应的区域，其热环境是否真的改善尚需进一步探讨。

表 7.6 武汉主城区 1996～2007 年地表温度等级转移矩阵表 （单位：km²）

等级	低温区	次低温区	中温区	次高温区	高温区	总计
低温区	—	9.88	37.69	10.44	2.29	60.30
次低温区	4.41	—	31.13	12.10	1.56	49.20
中温区	3.41	9.98	—	39.60	6.14	59.13
次高温区	0.81	1.44	66.86	—	8.61	77.72
高温区	0.32	0.20	26.13	86.63	—	113.28
总计	8.95	21.50	161.81	148.77	18.60	359.63

1996～2007 年转入转出差距最大的依然是中温区（III 级），但转入面积远大于转出面积，变化方向发生改变：11 年间共转入 161.81 km²，其中 66.86 km²（41.32%）来源于次高温区（IV 级），37.69 km²（23.29%）、31.13 km²（19.24%）和 26.13 km²（16.15%）分别来源于低温区（I 级）、次低温区（II 级）和高温区（V 级），高级别转入面积大于低级别转入面积；而转出总面积仅为 59.13 km²，其中 39.60 km²（66.97%）和 6.14 km²（10.38%）转为次高温区（IV 级）和高温区（V 级），9.98 km²（16.88%）和 3.41 km²（5.77%）转入次低温区（II 级）和低温区（I 级），转出为高级别面积超过转出为低级别面积。可见，中温区主要表现为与次高温区和高温区的相互转变，与低温区和次低温区则主要呈现出级别提高的趋势，这也从侧面证实这一时期热环境状况并未实际改善。次高温区（IV 级）共转入 148.77 km²，其中 58.23% 来源于高温区（V 级），26.62% 来源于中温区（III 级）；转出总面积为 77.72 km²，其中 86.03% 转为中温区（III 级），11.08% 转为高温区（V 级），其转入面积大于转出面积，使得次高温区覆盖面积继续增加。转出面积最大的为高温区（V 级），共转出 113.28 km²，其中 76.47% 转为次高温区（IV 级），23.07% 转为中温区（III 级）；转入总面积为 18.60 km²，其中 46.29% 来源于次高温区（IV 级），33.01% 来源于中温区（III 级），可见高温区（V 级）主要转入转出方向不变，但不同来源的转入面积普遍减少，导致高温区（V 级）覆盖面积显著减少。

7.3.3 2007～2016 年武汉市主城区热岛等级时空演变

图 7.7 为 2007～2016 年武汉市主城区各地表温度等级转移的空间分布图，与前两个研究时期相比，地表温度等级发生改变的范围变小且分布较为离散。从地表温度等级增加的主要转移类型看：次高温区（IV 级）转高温区（V 级）集中分布在硚口区汉正街都市工业园、武汉经济技术开发区及武昌区民主路以南与三环线之间的沿江范围；中温区（III 级）转次高温区（IV 级）在整个研究区均有发生，但西南方向靠近三环线附近相对较为集中；低温区（I 级）、次低温区（II 级）转中温区（III 级）主要分布在长江、东湖、南太子湖等水体附近的湖岸。从地表温度等级降低的主要类型看：次高温区（IV 级）转中温区（III 级）主要以点状分散分布在三环线内，集中发生于南湖附近如武汉东湖技术开发区等范围；中温区（III 级）转次低温区（II 级）和高温区（V 级）转次高温区（IV 级）

主要发生在东湖、严西湖、长江及朱家河等离建成区较远的水体附近。整体来看，研究区西南部出现集中的次高温区（IV 级）转为高温区（V 级）的现象，地表温度演变在空间上表现为城市内部热岛级别趋于稳定，高温中心向西南部转移，形成新的热岛中心。

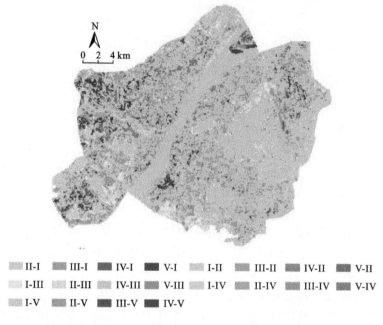

II-I　III-I　IV-I　V-I　I-II　III-II　IV-II　V-II

I-III　II-III　IV-III　V-III　I-IV　II-IV　III-IV　V-IV

I-V　II-V　III-V　IV-V

图 7.7　2007～2016 年武汉市主城区热岛等级时空变化

　　表 7.7 为 2007～2016 年武汉市主城区各地表温度等级转变的面积统计，结果显示，地表温度由低等级向高等级转变的总面积为 151.83 km²，贡献最大的转移类型为中温区（III 级）转次高温区（IV 级）和次高温区（IV 级）转高温区（V 级），分别占温度级别升高总面积的 52.18% 和 16.04%，转入热岛区域的面积比重较大；由高等级向低等级转变的总面积为 118.47 km²，转移面积最大的三个类型为次高温区（IV 级）转中温区（III 级）、中温区（III 级）转次低温区（II 级）和高温区（V 级）转次高温区（IV 级），分别占温度级别降低总面积的 47.82%、16.11% 和 15.94%。整体看，这一时期城市热环境变化呈现明显的空间不均衡性，一方面，温度级别升高、转入热岛范围的面积比重明显加

表 7.7　武汉市主城区 2007～2016 年地表温度等级转移矩阵表　　（单位：km²）

等级	低温区	次低温区	中温区	次高温区	高温区	总计
低温区	—	12.49	13.07	2.98	0.07	28.61
次低温区	4.98	—	12.60	2.75	0.10	20.43
中温区	5.12	19.08	—	79.22	4.20	107.62
次高温区	2.82	1.63	56.85	—	24.35	85.65
高温区	2.19	0.60	6.32	18.88	—	27.99
总计	15.11	33.80	88.84	103.83	28.72	270.30

大，集中分布于三环线附近，热岛范围有扩张趋势；另一方面，部分热岛覆盖转出为非热岛区域，覆盖面积相对较小且分散分布于城市大型水体周围，建成区热岛强度有相对减弱的迹象。

2007～2016年转出面积最大的为中温区（III级），共转出 107.62 km²，其中 73.61%转为次高温区（IV级），17.73%转为次低温区（II级）；其转入面积共计 88.84 km²，其中 63.99%来源于次高温区（IV级），14.71%和 14.18%来源于低温区（I级）和次低温区（II级），中温区主要转入转出方向不变，但转为次高温区的面积（79.22 km²）与中温区转入总面积基本持平，其转为较高级别面积更大。转入面积最大的类型为次高温区（IV级），共转入 103.83 km²，其中 76.30%来源于中温区（III级），18.18%来源于高温区（V级）；转出面积共计 85.65 km²，其中 66.38%转为中温区（III级），28.43%转为高温区（V级），次高温区主要转出方向不变，转入总面积大于转出总面积。2007～2016 年研究区以中温区（III级）转次高温区（IV级）为主要变化趋势，次高温区（IV级）转为高温区（V级）的面积也明显增加，整体热岛覆盖面积增加。与 1987～1996 年和 1996～2007 年相比，地表温度等级发生转移变化的面积普遍减小，各温度等级的转入转出差距也明显缩小，研究区内整体热环境状况趋向稳定。

7.3.4 1987～2016 年武汉市主城区热岛等级时空演变

图 7.8 为 1987～2016 年武汉市主城区各地表温度等级转移的空间分布图，地表温度等级升高主要转移类型的分布规律：次低温区（II级）和中温区（III级）转次高温区（IV级）主要发生在二环线与三环线之间的区域及武汉经济开发区部分区域，另外在汉口火车站附近也较为明显；低温区（I级）和次低温区（II级）转中温区（III级）主要发生

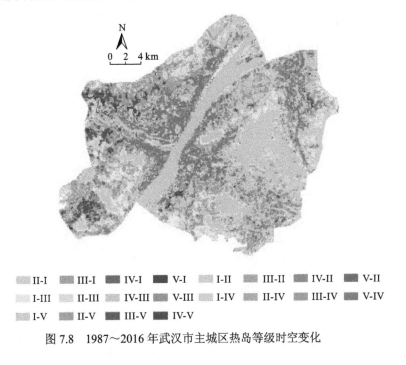

图 7.8   1987～2016 年武汉市主城区热岛等级时空变化

在后湖、东湖、南湖、墨水湖和南太子湖等城市湖泊附近；中温区（III级）转高温区（V级）主要分布在长丰大道—汉口火车站沿线及武汉经济技术开发区黄金口产业园等范围。温度等级降低的主要转移类型分布规律：高温区（V级）转次高温区（IV级）和中温区（III级）主要发生于二环线内的城市建成区及武钢工业区范围。总体上，地表温度等级变化在空间上呈现出明显的分层结构，二环线内高温区集中向次高温区、中温区转移，城市中心区域热岛强度降低，二环线外绝大部分区域向高等级地表温度区转变，热岛分布范围明显扩张，高温中心逐步往研究区西南方向转移。

表7.8统计了1987～2016年武汉市主城区各地表温度等级间的转移面积，地表温度由低等级向高等级转变的总面积为220.01 km²，其中最重要的地表温度等级转移类型为中温区（III级）转次高温区（IV级），占温度级别升高总面积的40.64%，其次为次低温区（II级）转中温区（III级）和低温区（I级）转中温区（III级），比例分别为16.31%和11.12%；由高等级向低等级转变的总面积为175.26 km²，其中贡献最大的3个类型依次为高温区（V级）转次高温区（IV级）、次高温区（IV级）转中温区（III级）和高温区（V级）转中温区（III级），分别占地表温度级别降低总面积的41.91%、20.90%和19.27%。总体上，转向高级别的面积大于转向低级别的面积，且地表温度级别上升的主要方向为转向热岛级别，而地表温度级别下降主要是在热岛内部转移，故研究期内研究区热岛效应总体呈现加剧的趋势。

表7.8　武汉市主城区1987～2016年地表温度等级转移矩阵表　　　　（单位：km²）

等级	低温区	次低温区	中温区	次高温区	高温区	总计
低温区	—	17.16	24.47	7.57	0.29	49.49
次低温区	7.59	—	35.88	16.29	1.80	61.56
中温区	5.76	12.36	—	89.41	18.89	126.42
次高温区	1.31	1.48	36.63	—	8.25	47.67
高温区	2.12	0.79	33.77	73.45	—	110.13
总计	16.78	31.79	130.75	186.72	29.23	395.27

1987～2016年中温区（III级）转出面积最大，共转出126.42 km²，其中70.72%（89.41 km²）转为次高温区（IV级）。14.94%、9.78%和4.56%分别转为高温区（V级）、次低温区（II级）和低温区（I级）；转入面积共计130.75 km²，其中28.02%、27.44%和25.83%分别来源于次高温区（IV级）、次低温区和高温区（V级）。高温区（V级）共转出110.13 km²，其中66.69%转为次高温区（IV级），30.66%转为中温区（III级）；而转入面积为29.23 km²，高温区转出面积远大于转入面积，且绝大部分高温区转出为次高温区，导致相应区域地表热岛强度降低。转入面积最大的是次高温区（IV级），转入面积共计186.72 km²，其中47.88%和39.34%分别来源于中温区（III级）和高温区（V级）；共转出47.67 km²，分别有76.84%和17.31%转为中温区（III级）和高温区（V级）。中温等级变化频繁，总体上向次高温区转移面积较大，地表温度等级呈升高趋势。

7.4 城市 LULC 变化对热岛时空演变的动态影响

7.4.1 LULC 变化对热环境变化的影响

按照 3.1.1 小节和 3.1.2 小节的方法，反演武汉市主城区 1987 年、1996 年、2007 年和 2016 年的地表温度并进行正规化处理，得到像元的正规化地表温度（NDLST）；并利用不同时期的 NDLST 差值（$NDLST_{var}$）表征相应时期的热环境状况变化情况；通过统计不同 LULC 转移类型覆盖范围的平均 $NDLST_{var}$,探讨 LULC 变化对城市热环境变化的影响。

1. 1987～1996 年 LULC 变化对 $NDLST_{var}$ 的影响

表 7.9 为武汉市主城区 1987～1996 年各 LULC 转移类型对应 $NDLST_{var}$ 的平均值，能有效反映不同 LULC 类型间的转移与热环境状况变化的动态关系。其他 LULC 类型转入水体对应的平均 $NDLST_{var}$ 均为负值，表明水体面积增加使得平均地表温度变小，对整体热环境状况具有改善作用，但由于这一时期水体转入面积较小且分布较为分散（见图 7.1），对应的 $NDLST_{var}$ 变化较小，绝对值为 0.02～0.08，水体面积的增加对地表温度的调节作用较为有限；在所有其他 LULC 转入水体的转移类型中，建设用地转水体对应的 $NDLST_{var}$ 的绝对值最大，其对应范围归一化地表温度降低幅度最大。其他 LULC 类型转入建设用地对应 $NDLST_{var}$ 的平均值均为正值，建设用地面积的增加使得平均 NDLST 值变大，热环境状况呈现恶化趋势；且恶化程度较为明显，$NDLST_{var}$ 平均值变化范围为 0.26～0.30，自然景观被建设用地替代对热环境状况恶化的影响显著，其中以水体转建设用地的影响最大。

表 7.9　武汉市主城区 1987～1996 年 LULC 转移类型 $NDLST_{var}$ 平均值统计

类型	农用地	绿化用地	水体	建设用地
农用地	—	0.07	−0.05	0.28
绿化用地	0.11	—	−0.02	0.26
水体	0.16	0.13	—	0.30
建设用地	0.09	0.11	−0.08	—

2. 1996～2007 年 LULC 变化对 $NDLST_{var}$ 的影响

由图 7.2 和表 7.2 可知，1996～2007 年研究区 LULC 变化的主要趋势为农用地、水体类型的转出和建设用地类型的转入；其他 LULC 类型间转移面积较小，与热环境状况变化（$NDLST_{var}$）的关系容易受到其他因素的影响。表 7.10 对这一时期武汉市主城区各 LULC 转移类型对应 $NDLST_{var}$ 平均值进行了统计，农用地转出为其他用地类型对应的相对地表温度均呈现上升状态，农用地转绿化用地和农用地转水体对应 $NDLST_{var}$ 分别为 0.11 和 0.10，影响并不明显；但农用地转建设用地范围对应的 $NDLST_{var}$ 达 0.27，热环境状况恶化较为显著。水体转为其他用地类型时，NDLST 均明显上升，其中转为农用地和建设用地时热环境随之明显恶化；水体转为绿化用地多发生在水体沿岸周围，受到水体本身的影响，对应的地表温度上升较慢。由其他 LULC 类型转入建设用地对应的 NDLST 值均增加明显，$NDLST_{var}$ 达 0.20～0.34，建设用地的扩张明显改变了地表覆盖特征，使地表升温明显，尤其是城市建设导致水体被填埋，对热环境的恶化作用最为显著。

表 7.10　武汉主城区 1996～2007 年 LULC 转移类型 $NDLST_{var}$ 平均值统计

类型	农用地	绿化用地	水体	建设用地
农用地	—	0.11	0.10	0.27
绿化用地	0.16	—	-0.04	0.20
水体	0.31	0.20	—	0.34
建设用地	0.03	-0.01	-0.05	—

3. 2007～2016 年 LULC 变化对 $NDLST_{var}$ 的影响

由图 7.3 和表 7.3 可知，2007～2016 年农用地转为建设用地是 LULC 变化的主导类型，这一时期城市发展的重点转移至研究区外，武汉市主城区内其他 LULC 类型基本保持稳定，对热环境的影响较为有限。表 7.11 为武汉市主城区 2007～2016 年各 LULC 转移类型对应 $NDLST_{var}$ 的平均值，$NDLST_{var}$ 反映的是研究期内像元热状况的变化情况，是对两个时间点 NDLST 值的对比；而 2007 年热岛范围即高温区和次高温区已基本蔓延至整个研究区范围，因而到 2016 年 NDLST 值变化不大。

表 7.11　武汉市主城区 2007～2016 年 LULC 转移类型 $NDLST_{var}$ 平均值统计

类型	农用地	绿化用地	水体	建设用地
农用地	—	-0.05	-0.05	0.06
绿化用地	0.02	—	0.10	0.07
水体	0.18	0.12	—	0.08
建设用地	-0.03	-0.06	0.02	—

4. 1987～2016 年 LULC 变化对 $NDLST_{var}$ 的影响

从图 7.4 和表 7.4 可看出，1987～2016 年武汉市主城区最主要的 LULC 转移类型为农用地转建设用地，其次是水体转为建设用地和绿化用地转为建设用地，即自然景观类型被人工地表所替代，城市基质特征明显改变，对环境热状况的影响也较为明显。表 7.12 为武汉市主城区 1987～2016 年各 LULC 转移类型对应 $NDLST_{var}$ 的平均值，其他用地类型转为建设用地对应 $NDLST_{var}$ 为 0.29～0.57，地表温度上升迅速；尤其是大型城市湖泊被建设用地侵占，导致城市水域生态系统遭受破坏，对周围热环境的调节功能受到影响，水体向建设用地的转变对应的 NDLST 变化最大达到 0.57，热状况严重恶化。

表 7.12　武汉市主城区 1987～2016 年 LULC 转移类型 NDLST$_{var}$ 平均值统计

类型	农用地	绿化用地	水体	建设用地
农用地	—	0.12	−0.06	0.41
绿化用地	0.09	—	−0.09	0.29
水体	0.39	0.33	—	0.57
建设用地	0.07	−0.03	0.05	—

7.4.2　LULC 时空变化对热岛效应恶化的影响

分别对 1987～1996 年、1996～2007 年、2007～2016 年和 1987～2016 年研究区地表温度转移空间分布图和土地利用转移空间分布图进行 GIS 区域统计，得到不同时间段内地表温度等级转为次高温区、高温区中所有土地转移类型面积占比及变化，以此揭示武汉市主城区热岛效应对土地利用变化的动态响应过程。

1. 1987～1996 年 LULC 变化对热岛效应恶化的影响

图 7.9 为 1987～1996 年武汉市主城区热岛转入类型（其他地表温度等级转入 IV 级和 V 级）覆盖范围各土地转移类型的面积比例，能直观反映 LULC 时空变化对热岛效应恶化的贡献。低温区（I 级）转次高温区（IV 级）和低温区（I 级）转高温区（V 级）对 LULC 变化的动态响应规律基本一致：农用地不变的区域所占比例最大，分别为 31.45% 和 34.92%；其次主要受到水体转农用地的影响，分别为 23.39%、34.92%；水体转建设用地（20.97%、15.87%）和农用地转建设用地（16.13%、6.35%）也对其有一定程度的贡献。次低温区（II 级）转次高温区（IV 级）范围以农用地和水体转出为建设用地为主，转移面积比例分别为 36.02% 和 28.41%，次低温区（II 级）转高温区（IV 级）内则以水体转建设用地、水体转农用地、农用地不变和农用地转建设用地为主，占比分别为 38.28%、20.31%、19.53% 和 13.28%。水体区域被填埋、自然地表被建设用地侵占及农用地被建设用地包围等因素改变了研究区原有的地表基质特征，继而改变其热环境状况，使得原来的低温范围变为热岛区域。中温区（III 级）转次高温区（IV 级）和高温区（V 级）内均以农用地转建设用地占绝对优势，转移面积比例分别为 57.36% 和 56.07%，城市化导致建设用地不断蚕食建成区周边的农用地，地表温度级别升高。

综上可知，这一时期水体转农用地、水体转建设用地和农用地转建设用地是引起研究区地表温度等级升高的主要 LULC 变化类型，建设用地扩张及水体面积被侵占是热岛效应恶化的主要原因。但同样是转为热岛区域，低温区（I 级）、次低温区（II 级）转为热岛区域对应水体转农用地和水体转建设用地的比例更大，说明城市水体的大面积损失对城市热环境的急剧恶化贡献明显；中温区（III 级）转为热岛区域内农用地转建设用地的比例更大，城市扩张尤其是建设用地替代农用地一定程度上促进了热环境恶化。

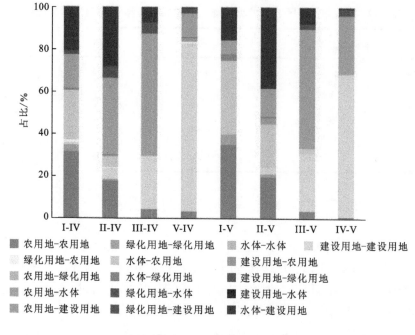

图例:
农用地-农用地 　绿化用地-绿化用地 　水体-水体 　建设用地-建设用地
绿化用地-农用地 　水体-农用地 　建设用地-农用地
农用地-绿化用地 　水体-绿化用地 　建设用地-绿化用地
农用地-水体 　绿化用地-水体 　建设用地-水体
农用地-建设用地 　绿化用地-建设用地 　水体-建设用地

图 7.9　1987～1996 年武汉市主城区热岛转入各土地转移类型的面积比例

2. 1996～2007 年 LULC 变化对热岛效应恶化的影响

图 7.10 为 1996～2007 年武汉市主城区热岛转入类型覆盖范围各土地转移类型的面积比例,整体看,"冷岛"效应急剧恶化为"热岛"现象,主要是受到水体覆盖变化及转移的影响。水体转为建设用地和水体转农用地类型对低温区(I 级)转次高温区(IV 级)的贡献分别达到 77.20%和 17.24%;水体转为建设用地和水体类型不变对低温区(I 级)转高温区(V 级)的贡献分别为 54.59%和 29.69%。次低温区(II 级)转次高温区(IV 级)和次低温区(II 级)转高温区(V 级)的变化响应规律类似:两者均受农用地转建设用地的影响最大,受影响程度分别达到 62.07%和 60.26%;其次是受到水体转建设用地的转移类型的影响,受影响程度分别为 20%和 20.51%。农用地向建设用地的转移对中温区(III 级)转次高温区(IV 级)和中温区(III 级)转高温区(V 级)的贡献最大,转移面积比例分别达到 73.94%和 71.99%。

这一时期水体和农用地转为建设用地是引起研究区地表温度等级上升的重要原因,其中水体转建设用地是引起热岛效应急剧恶化的主要因素,但水体转为建设用地对低温区(I 级)转次高温区(IV 级)比对低温区(I 级)转为高温区(V 级)的影响更大。一方面,土地利用覆盖变化对城市热环境的影响存在一定的滞后性,土地利用覆盖类型的改变是一个逐步完成的过程,其对周围环境的影响也是逐步地进行;另一方面,土地利用类型的改变不仅直接影响该用地范围内的热状况,当新的土地覆盖类型达到一定规模并形成新的基质特征时,还能影响其周围空间的热环境,但影响程度会相应弱化。

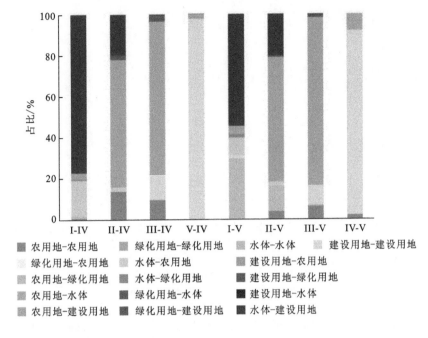

图 7.10 1996～2007 年武汉市主城区热岛转入各土地转移类型的面积比例

3. 2007～2016 年 LULC 变化对热岛效应恶化的影响

图 7.11 为 2007～2016 年武汉市主城区热岛转入类型覆盖范围各土地转移类型的面积比例，低温区（I 级）转次高温区（IV 级）和次低温区（II 级）转次高温区（IV 级）均主要受到农用地转建设用地的影响，受影响程度分别为 46.31%和 58.91%；其次受到建设用地内部建设密度增加（用地类型不变）的影响，分别为 27.52%和 34.55%；此外，绿化用地转建设用地对低温区（I 级）转次高温区（IV 级）的贡献达到 11.07%。低温区（I 级）转高温区（V 级）和次低温区（II 级）转高温区（V 级）则只发生在农用地转为建设用地和建设用地类型不变的范围，建设用地类型不变但建设密度的增加使得 85.71%的低温等级升级为高温等级；同时也使 40%的次低温等级上升为高温等级，其他 60%则受到农用地转建设用地的影响。此外，70.32%和 74.05%的中温区（III 级）转次高温区（IV 级）和中温区（III 级）转高温区（V 级）发生在建设用地不变的区域。与前两个时期一致的是，次高温区（IV 级）和高温区（V 级）的相互转移基本（94.70%和 97.29%）都发生在建设用地类型不变的区域，温度级别有所变化，但为热岛范围内部的变化。

与前两期不同的是，水体面积变化对热环境的影响并没有表现出来，农用地被建设用地替代和建设密度增加（建设用地类型不变）是城市热环境恶化的主要影响因素。主要原因在于，这一时期，LULC 的变化主要为建设用地对农用地的侵占，其他用地类型的变化量较小。例如，政府实施了严格的城市湖泊保护政策，水体面积基本保持稳定（表6.2），其面积变化不足以影响热环境状况的变化；同时，研究区基本已表现出城市基质特征，大部分区域被建设用地覆盖，其内部建设密度变化对热环境的影响超过了用地类型的影响。

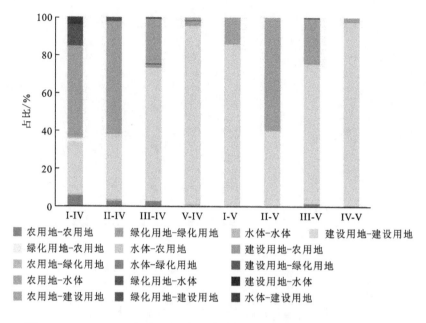

图 7.11　2007～2016 年武汉市主城区热岛转入各土地转移类型的面积比例

4.1987～2016 年 LULC 变化对热岛效应恶化的影响

图 7.12 为 1987～2016 年武汉市主城区热岛转入类型覆盖范围各土地转移类型的面积比例。整个研究期间，自然地表覆盖被人工用地所替代是研究区地表温度级别显著升高的主要原因。城市湖泊及其他水体因为城市建设而被逐步填埋、蚕食、侵占分别导致55.75%和 58.62%的低温区（Ⅰ级）上升为次高温区（Ⅳ级）和高温区（Ⅴ级），47.39%和 36.67%的次低温区（Ⅱ级）上升为次高温区（Ⅳ级）和高温区（Ⅴ级）。农用地因为城市扩张而被大面积侵占导致 35.91%和 31.03%的低温区（Ⅰ级）上升为次高温区（Ⅳ

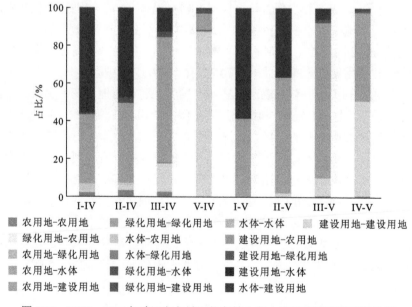

图 7.12　1987～2016 年武汉市主城区热岛转入各土地转移类型的面积比例

级）和高温区（Ⅴ级），41.38%和61.11%的次低温区（Ⅱ级）上升为次高温区（Ⅳ级）和高温区（Ⅴ级），还影响66.27%和81.58%的中温区（Ⅲ级）上升为次高温区（Ⅳ级）和高温区（Ⅴ级）。热岛范围内地表温度级别的变化主要发生在建设用地类型不变和农用地转建设用地的范围，建设用地类型不变的范围有86.79%的高温区（Ⅴ级）转次高温区（Ⅳ级）和50.42%的次高温区（Ⅳ级）转为高温区（Ⅴ级）；农用地转建设用地造成46.55%的次高温区（Ⅳ级）转为高温区（Ⅴ级）和8.5%的高温区（Ⅴ级）转次高温区（Ⅳ级）。总的看来，水体、农用地向建设用地的转移是引起研究区热岛效应加剧的主要原因，其中水体被建设用地侵占对热环境恶化的影响更大。

7.4.3 LULC 时空变化对热岛效应改善的影响

分别对 1987～1996 年、1996～2007 年、2007～2016 和 1987～2016 年研究区地表温度转移空间分布图和土地利用转移空间分布图进行 GIS 区域统计，得到不同时间段内地表温度等级转为次低温区、低温区中所有土地转移类型面积占比及变化，以此揭示武汉市主城区热岛效应缓解对土地利用变化的动态响应过程。

1. 1987～1996 年 LULC 变化对热岛效应改善的影响

图 7.13 为 1987～1996 年武汉市主城区热岛效应改善（其他地表温度等级转入 I 级和 Ⅱ 级）对应各土地转移类型的面积比例。水体对于改善或调节城市热环境有着十分突出的作用，水体类型不变对高温区（Ⅴ级）、次高温区（Ⅳ级）和中温区（Ⅲ级）转为低温区（Ⅰ级）的贡献分别达到89.77%、50.48%和57.84%，对次低温区（Ⅱ级）转为低温区（Ⅰ级）的贡献为72.07%；农用地转为水体对于降低热岛级别也起着重要作用，其对高温区（Ⅴ级）、次高温区（Ⅳ级）和中温区（Ⅲ级）转为低温区（Ⅰ级）的影响力分别为4.55%、34.29%和35.14%，影响程度仅次于水体保持不变的影响。主要原因在

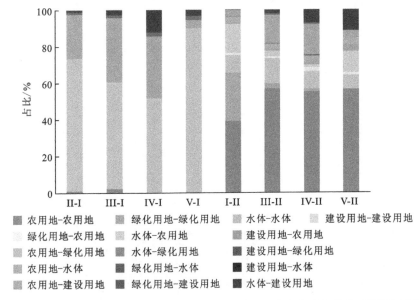

图 7.13　1987～1996 年武汉市主城区热岛效应改善对应各土地转移类型的面积比例

于，研究期间研究区内水体类型保持不变的区域多为城市大型水体且水域总面积较大，形成了较为稳定、完善的城市水域生态系统，受到其他类型 LULC 变化的影响较小；而农用地转水体的范围多分布在城市水体周围且较为分散（图 7.1），虽然用地类型发生了变化，但其对热环境状况的作用更容易受到其他因素的影响。高温区（V 级）、次高温区（IV 级）和中温区（III 级）转为次低温区（II 级）主要受到农用地类型不变的影响，在所有的 LULC 转移类型中，农用地保持不变的比例分别达到 56.41%、55.11% 和 56.48%，农用地与水体的相互转移对其也有一定影响。

2. 1996～2007 年 LULC 变化对热岛效应改善的影响

图 7.14 为 1996～2007 年武汉市主城区热岛效应改善对应各土地转移类型的面积比例，相比前一时期，由于低温区和次低温区面积明显减少且研究区 LULC 空间异质性程度更高，热岛效应改善的影响因素更为复杂。对高温区（V 级）转为低温区（I 级）贡献最大的三个 LULC 转移类型为农用地转水体、农用地转建设用地和农用地保持不变，贡献程度分别为 31.25%、21.88% 和 18.75%；对次高温区（IV 级）转为低温区（I 级）影响最大的主要为建设用地保持不变（24.69%）、农用地转建设用地（19.75%）和农用地保持不变（19.75%）。高温区（V 级）转为次低温区（II 级）主要发生在建设用地保持不变（35%）和农用地保持不变（20%）的转移类型；次高温区（IV 级）转为次低温区（II 级）主要发生在建设用地不变（36.81%）和建设用地转农用地（25.69%）的转移类型。总体来看，水体对于改善城市热岛效应的作用依然存在，但其作用范围明显减小；而更多的改善作用发生在建设用地保持不变的范围。一方面，这一时期城市水体面积剧减（表 6.1），房地产开发等城市建设对城市湖泊的侵占现象日益严重，导致水系被切割、连通性较差，影响了城市水域生态系统的完整性和生态功能发挥；另一方面，城市扩张导致建设用地已蔓延至绿化用地、水体和农用地等自然地表，建设用地开始成为研究区 LULC 的主导类型，对城市热环境的影响起到控制性作用。

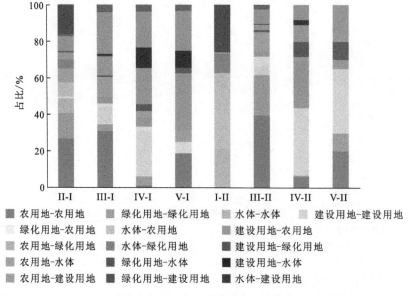

图 7.14　1996～2007 年武汉市主城区热岛效应改善对应各土地转移类型的面积比例

3. 2007～2016 年 LULC 变化对热岛效应改善的影响

图 7.15 为 2007～2016 年武汉市主城区热岛效应改善对应各土地转移类型的面积比例，一定程度上可反映 LULC 变化与热岛效应改善的关系。对高温区（V 级）转为低温区（I 级）贡献最大的是水体保持不变类型，其次为建设用地保持不变类型，分别贡献62.56%和25.57%；对次高温区（IV 级）转为低温区（I 级）影响最大的主要为建设用地保持不变（79.79%），其次为水体保持不变（6.38%）和农用地保持不变（6.38%）的转移类型；对中温区（III 级）转为低温区（I 级）影响最明显也是建设用地类型保持不变（44.34%），其次为水体类型保持不变（15.23%）和农用地转建设用地（12.70%）。对高温区（V 级）、次高温区（IV 级）和中温区（III 级）转为次低温区（II 级）影响最大的三个 LULC 转移类型均为农用地保持不变（30%、22.70%和28.20%）、建设用地保持不变（23.23%、37.42%和15.67%）及农用地转建设用地（10.00%、15.34%和21.49%）。这一时期，由于城市化继续推进，建设用地基本覆盖整个研究区，体现出典型的城市基质特征；导致研究区农用地面积明显减少，农用地转为建设用地为 LULC 类型发生变化的主要转移类型，其他 LULC 类型间的变化量较小（表 7.3）。因此，热环境的相应改变更多地发生在用地类型保持不变和农用地转建设用地的范围。

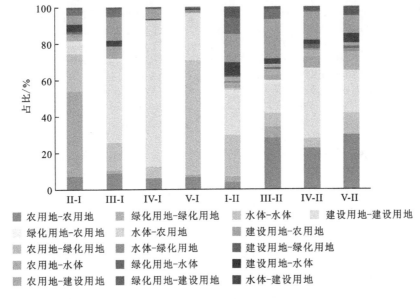

图 7.15　2007～2016 年武汉市主城区热岛效应改善对应各土地转移类型的面积比例

4. 1987～2016 年 LULC 变化对热岛效应改善的影响

图 7.16 为 1987～2016 年武汉市主城区热岛效应改善对应各土地转移类型的面积比例，整个研究期间，武汉市主城区城市扩张明显，95.36%的农用地、83.76%的绿化用地和89.20 的水体减少均是由于建设用地的侵占（图 7.4 和表 7.4），研究区地表覆盖特征的显著变化导致整体基质类型的变化，从而影响 LULC 变化对热岛效应改善的作用。高温区（V 级）转低温区（I 级）75.00%发生在建设用地保持不变的转移类型；次高温区（IV级）转为低温区（I 级）41.98%发生在建设用地保持不变类型、26.72%发生在农用地转

建设用地。对高温区（V级）转次低温区（II级）影响最大的为水体类型不变（34.18%）和建设用地类型不变（25.32%）；对次高温区（IV级）转为次低温区（II级）影响最大的是农用地转建设用地（28.38%），其次为建设用地类型不变（18.92%）、水体类型不变（14.86%）及农用地类型不变（14.19%）。结合前三个时期LULC变化对热岛效应改善的作用规律可知，城市水体尤其是大型江河湖泊对改善热岛效应有着重要作用；但研究区整体基质特征的改变会影响水体温度调节功能的发挥，随着研究区由以自然景观为主逐渐变为以人工基质为主，水体对热岛效应的改善作用越来越受到其他LULC转移类型的影响。

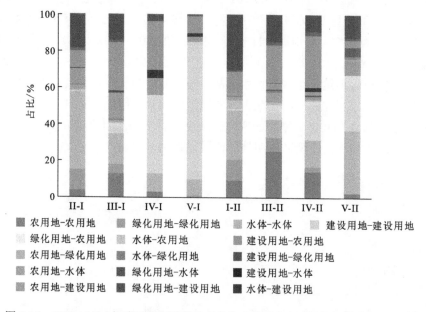

图 7.16　1987～2016 年武汉市主城区热岛效应改善对应各土地转移类型的面积比例

7.5　本章小结

　　本章基于多时相遥感影像获得的武汉市主城区LULC类型及城市地表温度等级空间分布，采用转移矩阵的方法探讨1987～2016年LULC变化对城市热岛效应时空演变的动态影响。整个研究期间，农用地转建设用地是最主要的LULC转移类型，转移面积为218.27 km²，占建设用地转入面积的69.16%，占农用地转出面积的95.36%。但不同时期LULC的转移方向、范围和幅度并不一致：1987～1996年农用地转建设用地（转移面积90.38 km²）是武汉市主城区LULC转移的主导类型，主要沿原城市建成区外围新建道路线形分布；1996～2007年武汉市主城区最主要的LULC转移类型为农用地转建设用地（92.39 km²），主要分布与二环线外，其次是水体转建设用地（48.46 km²）和水体转农用地（34.34 km²），围湖造田和填湖建房等人为活动使得水体面积大幅度缩减；相比于前两个研究时期，2007～2016年研究区发展空间受限，城市发展和建设重点已开始向三环外转移，LULC变化明显减小，但主导性LULC转移类型依然是农用地转建设用地

（88.11 km²），主要发生在三环线附近。

1987～2016年，地表温度等级变化在空间上呈现出明显的分层结构，二环线内高温区（Ⅴ级）集中向次高温区（Ⅳ级）和中温区（Ⅲ级）转移，城市中心区域热岛强度降低，二环线外绝大部分区域向高等级地表温度区转变，热岛分布范围明显扩张，高温中心逐步往研究区西南方向转移。1987～1996年，地表温度由低等级向高等级转移面积（169.66 km²）大于高等级向低等级转变的面积（140.25 km²）；新增热岛区域（Ⅰ级、Ⅱ级、Ⅲ级转入Ⅳ级或Ⅴ级）面积为93.34 km²，主要集中分布在武汉经济技术开发区、汉口火车站附近等区域及友谊大道与团结大道之间的主城区；新增冷岛（Ⅴ级、Ⅳ级、Ⅲ级转入Ⅱ级或Ⅰ级）面积为61.24 km²，主要分布在后湖、沙湖、南湖、南太子湖等城市湖泊周围。1996～2007年，地表温度由低等级向高等级转移的面积（159.44 km²）小于由高等级向低等级转变面积（200.19 km²）；新增热岛面积为72.13 km²，主要分布在天兴洲滩头、汉口火车站附近、汉正街都市工业园、武汉经济技术开发区和东湖新技术开发区等区域；新增冷岛面积仅16.16 km²，主要分布在东湖风景区内磨山、马鞍山、吹笛山等自然山体范围，以及朱家河、墨水湖、南太子湖等离建成区较远的大型水体附近。2007～2016年，地表温度由低等级向高等级转移的面积（151.83 km²）大于由高等级向低等级转变面积（118.47 km²）；新增热岛面积为89.32 km²，主要分布在长江、东湖、南太子湖等水体沿岸的建设用地，并逐渐向西南方向偏移；新增"冷岛"面积为31.44 km²，主要分布在东湖、严西湖、长江及朱家河等离建成区较远的水体附近。

LULC变化对城市热岛时空演变有着重要影响，但由于城市化程度和基质条件不同，研究区不同发展时期影响热环境的LULC转移类型及其影响程度也不一样。1987～1996年，水体转农用地、水体转建设用地和农用地转建设用地是研究区地表温度等级升高的主要LULC变化类型，其分别是低温区（Ⅰ级）、次低温区（Ⅱ级）和中温区（Ⅲ级）转为热岛区域的最大贡献者；水体类型保持不变和农用地转为水体是降低地表温度级别的主导因素，水体对于改善或调节城市热环境有着十分突出的作用。1996～2007年，水体转建设用地是引起热岛效应急剧恶化的主要因素，水体转为建设用地对低温区（Ⅰ级）转次高温区（Ⅳ级）比对低温区（Ⅰ级）转为高温区（Ⅴ级）的影响更大；这一时期由于水体面积大量萎缩而建设用地急剧扩张，水体改善城市热岛效应的作用范围明显减小，农用地保持不变及其转为水体和建设用地使地表温度级别呈现不同程度的降低。2007～2016年，由于研究区内发展空间受限，武汉市城市建设重点开始外移，农用地转为建设用地成为这一时期主导性的LULC转移类型，农用地被建设用地替代和建设密度增加（建设用地类型不变）是地表温度等级升高的主要驱动因素；由于研究区基本呈现城市基质，水体范围和面积基本保持稳定，水体对热环境的影响并不明显。纵观整个研究期（1987～2016年），自然地表覆盖类型转变为建设用地对应区域地表温度上升明显（平均$NDLST_{var}$ 0.29～0.57），热环境状况明显恶化，其中水体被建设用地侵占是地表温度级别上升的最主要驱动因素；水体类型保持不变对改善热环境有着正向作用，但研究区整体基质特征的改变会影响水体调节温度功能的发挥，随着研究区由以自然景观为主逐渐变为以人工基质为主，水体对热岛效应的改善作用越来越受到其他LULC转移类型的影响。

第8章 城市热岛效应影响因素及其综合作用机制

城市热岛是城市局地气候发生变化的一个典型特征，是天气条件、人为热排放、大气污染和城市下垫面性质共同作用的结果，不同城市之间或同一城市的不同时期，由于影响因素的变化，城市热岛的影响机制也会发生相应的变化，但是城市热岛效应形成的原因可以简单分为内部因素和外部因素，城市化过程中的人为作用是内部因素，而局地天气气象条件则是其形成的外部因素。对于一个研究城市而言，其天气气象条件是相对固定的，城市热岛效应的影响因素则主要是人为因素，而人为因素中以人为热排放、下垫面性质改变和城市景观格局变化等对城市热岛效应的影响最大，因此国内外学者对于这方面的研究也最多。

部分学者基于遥感数据选用不透水面（ISA）指数、归一化建筑指数（NDBI）等相关指标，分析其与地表温度的数量关系（Morris et al.，2017；Xie and Zhou，2015；魏锦宏 等，2014；Tang et al.，2014；杨英宝 等，2007)，结果表明城市建设用地扩张和硬化地表增加对城市地表温度升高和城市热岛形成有着正向促进作用；或采用水体面积、修正的归一化水体指数、归一化植被指数、植被盖度、植被覆盖率等指数表征城市自然地表覆盖特征，研究其与地表温度的关系（王文娟和邓荣鑫，2014；李成范 等，2009；Raynolds et al.，2008），结果表明城市大型江河、湖泊等水体、城市森林及大型公园等自然地表类型与地表温度呈现负相关，对于缓解城市热岛效应有着一定的效果。而城市内部不同用地类型和地表覆盖特征的组成与分布也能影响城市地表温度的分布及城市热岛的范围（Hou and Estoque，2020；谢启姣 等，2018；Estoque et al.，2017；冯悦怡 等，2014；陈利顶 等，2013；Zhou et al.，2011）。

前人的研究从不同指标、不同角度分析了城市热岛的影响因素，对于缓解城市热岛效应提供了很好的基础，但是目前的研究多以单因子居多，并不能很好地体现城市土地覆盖和地表特征的复杂性和异质性，缺乏多因素多尺度的综合机理分析（Deilamia et al.，2018；Giridharana and Emmanuel，2018；谢启姣，2016；Ward et al.，2016；肖荣波 等，2007；），这就阻碍了定量分析的成果在城市生态系统研究和城市规划实践中的应用。城市热岛的形成是一个非常复杂的过程，而热岛效应的强度与范围则与多种影响因子有关，多种影响因子之间相互作用，相互影响，最终共同作用于城市热岛。准确地理解一个城市的热岛效应的影响机制将有助于探寻人为活动对城市气候的作用规律，对于缓解城市高温引起的生态环境问题，促进城市的可持续发展有着重要的意义。

城市温度特别是地表温度是影响城市气候最为重要的因素之一，是城市表层能量平衡的中心，调节和控制着城市生态系统的物流和能流，并最终影响着城市的生态过程。因此地表温度的空间分布及其影响因素的研究对于一个城市热岛效应的研究来说尤为重要，本章基于前文的研究结论，参考前人研究的相关经验，选择与地表温度关系密切且常见的影响因素及相关指标，利用卫星遥感影像数据进行各影响因子的提取和统计，并从市域、中心城区和建成区三个不同尺度进行多影响因子的综合分析，以期找出不同尺度热岛效应的主要影响因素及作用机制，为缓解城市热岛效应提出针对性的措施。

8.1　研究方法

考虑到基质环境改变及季节条件对城市热岛与各因子关系的影响，选择年份邻近且季节不同的 1987 年 9 月 26 日和 2007 年 4 月 10 遥感影像作为数据源进行研究。按照 3.1.1 小节的方法进行地表温度遥感反演并计算归一化地表温度；参考 6.1.2 小节的方法对武汉市市域、中心城区和主城区分别进行地表覆盖类型划分及精度验证，作为城市热岛效应综合影响机制研究的数据基础。

8.1.1　格网划分标准

基于 1987 年 9 月 26 日和 2007 年 4 月 10 日的遥感影像，将武汉市按照不同的范围划分不同的格网尺度：①市域范围，5 000 m×5 000 m；②中心城区，2 000 m×2 000 m；③建成区，1 000 m×1 000 m，并剔除不合理的格网，最终获得市域 349 个格网、中心城区 554 个格网和建成区 793 个格网，在 ERDAS IMAGINE 9.2 中分别统计出每个格网内的地表温度（LST）、正规化地表温度（NDLST）、归一化植被指数（NDVI）、不透水面（ISA）指数的平均值及植被比例、水体比例和建设用地比例，定量构建它们之间的数量关系。

8.1.2　潜在影响因素选取

根据前人研究结论，结合前期研究，选择与地表温度密切相关的地表覆盖指标，如绿地面积比例（PerGreen）、耕地面积比例（PerFarm）、植被覆盖比例（PerVeget）、水体面积比例（PerWater）、建设用地面积比例（PerBuilt）、归一化植被指数（NDVI）、归一化建筑指数（NDBI）和不透水面（ISA）指数等，NDBI 和 ISA 按照前述章节方法计算，NDVI 计算方式如下。

归一化植被指数常被用于表征土地植被覆盖状况，通常取值为-1～1，植被覆盖区域为正值，水体区域为负值，硬化地表则接近于 0，其值可由遥感影像获得：

$$\text{NDVI} = \frac{\rho(\text{band}_{\text{near-inf}}) - \rho(\text{band}_{\text{red}})}{\rho(\text{band}_{\text{near-inf}}) + \rho(\text{band}_{\text{red}})} \tag{8.1}$$

式中：$\rho(\text{band}_{\text{near-inf}})$ 和 $\rho(\text{band}_{\text{red}})$ 分别为经过大气校正后的近红外波段（对应 Landsat 5 的 band 4 和 Landsat 8 的 band 5）和红色波段（对应 Landsat 5 的 band 3 和 Landsat 8 的 band 4）的大气顶部反射率。

8.1.3　主成分回归分析

主成分分析采用降维的思想，设法将原来众多具有一定相关性（如 P 个指标），重新组合成一组新的互相无关的综合指标来代替原来的指标，以反映原变量提供的主要信息（刘润幸，2001）。基本原理和步骤如下。

（1）以因变量 Y 和全部自变量 X 进行逐步回归，筛选出 P 个有统计学意义的自变量，并且诊断各自变量的多重共线性。

（2）用 P 个自变量进行主成分分析，得到主成分矩阵和各主成分的累计方差百分比，并对变量标准化

$$Y' = (Y - \overline{Y}) / S_Y \tag{8.2}$$

$$X_i' = (X_i - \overline{X}_i) / S_{X_i} \quad (i = 1, 2, \cdots, p) \tag{8.3}$$

式中：Y、Y'、$\overline{Y}$、S_Y 分别为因变量及其对应的标准化值、平均值、标准差；X_i、X_i'、$\overline{X}_i$、S_{X_i} 分别为第 i 个自变量及其对应的标准化值、平均值、标准差。

主成分值为

$$C_i = a_{i1}X_1' + a_{i2}X_2' + \cdots + a_{ip}X_p' \quad (i = 1, 2, \cdots, p) \tag{8.4}$$

式中：C_i 为第 i 个主成分；a_{ij} 为主成分矩阵系数。

（3）从累计方差百分比≥85%所包括的主成分开始建立标化主成分回归方程，再向后逐步增加主成分个数，得到 m 个标化主成分回归方程：

$$\hat{y}_j' = \sum B_i' C_i \quad (j = 1, 2, \cdots, m \leqslant p; \ i = 1, 2, \cdots, K \leqslant p) \tag{8.5}$$

式中：$\hat{y}_j'$ 为第 j 个标化主成分回归方程估计值；B_i' 为标化主成分回归方程中第 i 个标化偏回归系数。

（4）将主成分值代入最佳标化主成分回归方程，整理后得标准化线性回归方程：

$$\hat{y}' = \sum b_i' X_i' \quad (i = 1, 2, \cdots, K \leqslant p) \tag{8.6}$$

式中：$\hat{y}'$ 为标化线性回归方程估计值，它与相应的标化主成分回归方程估计值等价；b_i' 为标化线性回归方程的第 i 个标化偏回归系数。

（5）把标化线性回归方程转换成一般线性回归方程，标化偏回归系数转换为偏回归系数及常数：

$$b_i = b_i' (L_{YY} / L_{X_iX_i})^{1/2} \quad (i = 1, 2, \cdots, K \leqslant p) \tag{8.7}$$

$$b_0 = \overline{Y} - \sum b_i \overline{X}_i \quad (i = 1, 2, \cdots, K \leqslant p) \tag{8.8}$$

$$\hat{y} = b_0 + \sum b_i X_i \quad (i = 1, 2, \cdots, K \leqslant p) \tag{8.9}$$

式中：b_i 为一般线性回归方程的第 i 个偏回归系数；L_{YY}、$L_{X_iX_i}$ 分别是 Y、X_i 的离均差平方和；b_0 为一般线性回归方程的常数。

8.2 武汉市市域热岛效应影响因素分析

8.2.1 市域地表温度与地表覆盖指数的关系

为较好地理解各影响因子与地表温度的关系，对武汉市市域共 349 个 5 000 m×5 000 m 的格网进行平均地表温度及相关地表自然指数的统计，并分别对各指数和地表温

度及正规化地表温度进行一元线性回归，回归结果见表8.1。从表8.1中可以看出，所有的地表自然指数与地表温度之间一元线性（R^2均为0.3以下），这就说明在5 000 m×5 000 m较大的尺度下，所选各指标并不能线性地解释地表温度和城市热岛范围的变化。而且大多数研究都表明，归一化植被指数、水体面积比例、植被覆盖比例等指标与地表温度之间均呈现出明显的负线性相关，但是在本研究市域范围25 km²格网内，这些指标与地表温度和城市热岛之间均是正相关，这就证明在较大的尺度上，水体、植被和植被等指数对平均温度的影响是非线性的，并且是不明显的，而且其降温效果受到其他更多因素的制约。

表8.1 武汉市市域5 000 m×5 000 m格网地表温度与影响因子的线性关系

时间	LST一元线性		NDLST一元线性	
	回归方程	R^2	回归方程	R^2
1987年9月26日	LST=20.614NDVI+28.386	0.205 5	NDLST=0.204 2NDVI+0.193 6	0.117 6
	LST=26.903ISA+35.786	0.156 5	NDLST=0.5851ISA+0.252 7	0.431 7
	LST=26.270NDBI+37.330	0.086 1	NDLST=0.611 4NDBI+0.286 8	0.272 1
	LST=0.180 8PerBuilt+36.399	0.089 8	NDLST=0.004PerBuilt+0.265 7	0.259 8
	LST=0.028 6PerWater+37.508	0.010 1	NDLST=−0.001 1PerWater+0.299 3	0.091 3
	LST=0.081 3PerFarm+31.688	0.133 5	NDLST=0.000 7PerFarm+0.233 7	0.056 3
	LST=0.030 5PerGreen+36.731	0.007 7	NDLST=0.000 7PerGreen+0.273	0.022 6
	LST=0.107 7PerVeget+29.065	0.204 1	NDLST=0.001 1PerVeget+0.196 7	0.127 8
2007年4月10日	LST=17.760NDVI+17.781	0.145 1	NDLST=0.464NDVI+0.315 9	0.124 1
	LST=10.472ISA+19.862	0.183 0	NDLST=0.339 7ISA+0.361 3	0.241 2
	LST=29.022NDBI+21.585	0.245 6	NDLST=1.201 9NDBI+0.42	0.527 6
	LST=0.069 8PerBuilt+20.366	0.127 0	NDLST=0.002 2PerBuilt+0.378 4	0.159
	LST=−0.046 6PerWater+22.09	0.067 2	NDLST=−0.002 5PerWater+0.450 9	0.242 3
	LST=0.046 6PerFarm+18.939	0.117 9	NDLST=0.001 4PerFarm+0.337 4	0.131 6
	LST=0.007 6PerGreen+21.168	0.001 6	NDLST=0.000 1PerGreen+0.405 2	0.000 7
	LST=0.048PerVeget+18.189	0.131 6	NDLST=0.001 4PerVeget+0.317 9	0.138 1

注：LST和NDLST分别为地表温度和正规化地表温度；NDVI为归一化植被指数；ISA为不透水面指数；NDBI为归一化建筑指数；PerGreen、PerFarm、PerVeget、PerWater和PerBuilt分别为格网内绿地面积比例、耕地面积比例、植被覆盖比例、水体面积比例和建设用地面积比例（本章后面所有表格中涉及的各因子均与此相同）。

8.2.2 市域地表温度与影响因子的相关性

为找出所选影响因子对地表温度的影响程度，首先对地表温度和各影响因子的相关性进行了分析。从表8.2中可以看出，1987年9月26日的地表温度与NDVI的相关性最大，并且呈正相关，相关系数为0.453，其次为植被覆盖比例（0.452），接下来依次为不透水面指数（0.396）、耕地面积比例（0.365）、建设用地面积比例（0.300）、归一化建筑指数（0.293）、绿地面积比例（0.088）及水体面积比例（−0.100）。而2007年4月10日（表8.3）的地表温度则是与归一化建筑指数相关性最大，其相关系数为0.496，与其他影响因子的相关性依次为不透水面指数（0.428）、归一化植被指数（0.381）、植被覆盖比例（0.363）、建设用地面积比例（0.356）、耕地面积比例（0.343）、水体面积比例（−0.259）及绿地面积比例（0.040）。无论是夏季还是春季，植被覆盖各指标均与地表温度呈现出正向相关，这说明这些因子受到其他影响因子的影响比较大。

表8.2 市域夏季（1987年）地表温度与影响因子的相关系数

指数	LST	NDLST	NDVI	ISA	NDBI	PerGreen	PerFarm	PerVeget	PerWater	PerBuilt
LST	1									
NDLST	0.845**	1								
NDVI	0.453**	0.343**	1							
ISA	0.396**	0.657**	−0.258**	1						
NDBI	0.293**	0.522**	0.411**	0.344**	1					
PerGreen	0.088	0.150**	0.239**	0.053	0.330**	1				
PerFarm	0.365**	0.237**	0.719**	−0.294**	0.282**	−0.421**	1			
PerVeget	0.452**	0.357**	0.935**	−0.279**	0.529**	0.235**	0.783**	1		
PerWater	−0.100	−0.302**	−0.755**	0.001	−0.640**	−0.245**	−0.569**	−0.778**		
PerBuilt	0.300**	0.510**	−0.246**	0.911**	0.073	−0.069	−0.310**	−0.379**	0.047	1

注：*$p<0.1$；**$p<0.05$；下同。

表8.3 市域春季（2007年）地表温度与影响因子的相关系数

指数	LST	NDLST	NDVI	ISA	NDBI	PerGreen	PerFarm	PerVeget	PerWater	PerBuilt
LST	1									
NDLST	0.923**	1								
NDVI	0.381**	0.352**	1							
ISA	0.428**	0.491**	−0.283**	1						
NDBI	0.496**	0.726**	0.278**	0.461**	1					
PerGreen	0.040	0.026	0.486**	−0.180**	0.274**	1				
PerFarm	0.343**	0.363**	0.508**	−0.396**	0.100	−0.325**	1			
PerVeget	0.363**	0.372**	0.838**	−0.512**	0.290**	0.390**	0.744**	1		
PerWater	−0.259**	−0.492**	−0.645**	−0.061	−0.690**	−0.289**	−0.471**	−0.663**	1	
PerBuilt	0.356**	0.399**	−0.306**	0.098 7**	0.344**	−0.230**	−0.421**	−0.573**	−0.006	1

8.2.3 市域地表温度的主导因子

从上面地表温度与各影响因子的相关性分析可知，植被覆盖类型对地表温度的作用不符合常理，这就说明各影响因子在影响地表温度分布时是互相作用、互相影响的，为找出对地表温度影响最大的因素，对其进行主成分分析。首先对各影响因子进行逐步回归，回归结果见表 8.4。1987 年 9 月 26 日通过逐步回归，逐渐引入归一化植被指数、不透水面指数、水体面积比例、植被覆盖比例及建设用地比例 5 个变量，最后的回归结果 R^2=0.948。2007 年 4 月 10 日逐步引入归一化建筑指数、耕地面积比例、不透水面指数、绿地面积比例、水体面积比例及建设用地面积比例，最后的回归结果 R^2=0.950。

表 8.4 市域地表温度逐步回归结果

时期	变量引入	R	R^2	显著水平
1987 年 9 月 26 日	NDVI	0.453	0.206	0.10%
	NDVI，ISA	0.698	0.484	0.10%
	NDVI，ISA，PerWater	0.893	0.795	0.10%
	NDVI，ISA，PerWater，PerVeget	0.965	0.930	0.10%
	NDVI，ISA，PerWater，PerVeget，PerBuilt	0.974	0.948	0.10%
2007 年 4 月 10 日	NDBI	0.496	0.246	0.10%
	NDBI，PerFarm	0.577	0.333	0.10%
	NDBI，PerFarm，ISA	0.720	0.518	0.10%
	NDBI，PerFarm，ISA，PerGreen	0.826	0.683	0.10%
	NDBI，PerFarm，ISA，PerGreen，PerWater	0.974	0.949	0.10%
	NDBI，PerFarm，ISA，PerGreen，PerWater，PerBuilt	0.975	0.950	0.10%

通过表 8.2 和表 8.3 可以看出，多个影响因子之间均存在着极其显著的相关性，如归一化植被指数就与所有其他的指标都显著相关，这说明许多变量之间直接的相关性比较强，证明它们存在信息上的重叠。对各变量的回归方程的回归系数及共线性统计量进行分析（篇幅所限，相关表格未列出），表明多重共线性非常强，这说明各自变量之间存在较强的多重共线性，也就是说自变量相互之间的线性相关关系很强，对条件指数进行共线性诊断，结果也表明自变量存在多重共线性（相关表格略）。主成分个数提取原则为主成分对应的特征值大于 1 或者方差累积百分比超过 85%的前 m 个主成分，特征值在某种程度上可以被看成是表示主成分影响力度大小的指标，如果特征值小于 1，说明该主成分的解释力度还不如直接引入一个原变量的平均解释力度大，因此一般可以用特征值大于 1 作为纳入标准。表 8.5 分析了方差分解主成分提取，从表 8.5 中可以看出，1987 年 9 月 26 日提取 2 个主成分就能使累计方差百分比达到 92%，2007 年 4 月 10 日提取 3 个主成分就能使累计方差百分比达到 94%。

表 8.5　各主成分的特征值及方差百分比

时期	成分	初始特征值			提取平方和载入		
		特征值	方差百分比	累积方差百分比	特征值	方差百分比	累积方差百分比
1987 年 9 月 26 日	1	2.912	58.232	58.232	2.912	58.232	58.232
	2	1.705	34.091	92.323	1.705	34.091	92.323
	3	0.238	4.762	97.085			
	4	0.130	2.604	99.688			
	5	0.016	0.312	100.000			
2007 年 4 月 10 日	1	2.434	40.563	40.563	2.434	40.563	40.563
	2	1.929	32.155	72.718	1.929	32.155	72.718
	3	1.300	21.664	94.382	1.300	21.664	94.382
	4	0.223	3.710	98.092			
	5	0.111	1.856	99.948			
	6	0.003	0.052	100.000			

对逐步回归的自变量进行主成分分析，表 8.5 为主成分的特征值、方差百分比，从累计方差百分比大于等于 85% 和特征值大于 1 的所包括的主成分开始建立主成分回归方程，再向后逐渐增加主成分个数，并确定最优标化主成分回归方程；利用标化主成分回归方程与标化变量的关系，把标化主成分回归方程转换为标化线性回归方程；再将标化线性回归方程转换为一般线性回归方程，见表 8.6。从回归方程可以看出，在整个市域范围 5 000 m×5 000 m 尺度下，地表温度与所选影响因子的主成分回归拟合程度都不理想，地表温度与归一化植被指数、不透水面指数、植被覆盖比例和建设用地面积比例均呈现正相关，只与水体面积比例负相关，这说明只有水体面积比例能起到降低地表温度的作用，但是水体调节地表温度的效果也非常有限，当水体面积比例每提高 10%，夏季和春季地表温度分别降低 0.58 ℃和 0.38 ℃。而且无论是夏季（1987 年 9 月 26 日）还是春季（2007 年 4 月 10 日），归一化植被指数和植被覆盖比例与地表温度也是正向相关，这说明在 5 000 m×5 000 m 尺度下，植被调节地表温度的作用明显受到其他因素的影响，也就是说植被指标并不能在较大的尺度上影响地表温度或缓解热岛效应。

表 8.6　市域主成分回归方程

时期	方程	表达式	R^2
1987 年 9 月 26 日	标化线性回归方程	LST′ = 0.146NDVI + 0.207ISA + 0.128PerVeget − 0.203PerWater + 0.197PerBuilt	0.284
	一般线性回归方程	LST = 32.016 + 6.628NDVI + 14.085ISA + 0.031PerVeget − 0.058PerWater + 0.119PerBuilt	
2007 年 4 月 10 日	标化线性回归方程	LST′ = 0.216NDBI + 0.156ISA − 0.093PerGreen + 0.148PerFarm − 0.210PerWater + 0.140PerBuilt	0.326
	一般线性回归方程	LST = 22.117 + 12.629NDBI + 3.815ISA − 0.017PerGreen + 0.020PerFarm − 0.038PerWater + 0.027PerBuilt	

8.3 武汉市中心城区热岛效应影响因素分析

8.3.1 中心城区地表温度与地表覆盖指数的关系

武汉市中心城区相对于武汉市市域范围而言，景观异质性更高，地表覆盖特征更为复杂，因此将中心城区划分为2 000 m×2 000 m大小的格网对地表温度和相关指标进行统计，剔除掉明显不合理的格网外，中心城区共有格网554个。将每个格网的平均地表温度与各影响因素的关系进行一元线性回归分析，得到相应的线性拟合方程，见表 8.7。从表 8.7 中可以看出，1987 年 9 月 26 日与地表温度拟合程度最好的是不透水面指数（$R^2=0.549\,9$），拟合较好的有归一化建筑指数（$R^2=0.502\,9$）、建设用地比例（$R^2=0.477\,4$）和水体比例（$R^2=0.41$）；2007 年 4 月 10 日与地表温度拟合最好的是归一化建筑指数，R^2 达到 0.925 9，较好的有水体比例（$R^2=0.750\,3$）、不透水面指数（$R^2=0.553\,3$）和建设用地比例（$R^2=0.511\,4$）。

表 8.7 武汉市中心城区 2 000 m×2 000 m 格网地表温度与影响因子的线性关系

时间	LST 一元线性		NDLST 一元线性	
	回归方程	R^2	回归方程	R^2
1987 年 9 月 26 日	LST=6.489 8NDVI+37.161	0.058	NDLST=0.132NDVI+0.263 2	0.032 3
	LST=16.303ISA+37.974	0.549 9	NDLST=0.468 3ISA+0.266 7	0.612 4
	LST=24.825NDBI+40.34	0.502 9	NDLST=0.657NDBI+0.332 9	0.475 5
	LST=0.800 6PerBuilt+38.27	0.477 4	NDLST=0.022 9PerBuilt+0.275 3	0.528 4
	LST=−0.571 8PerWater+42.013	0.41	NDLST=−0.014 7PerWater+0.375 1	0.364 5
	LST=0.036 3PerFarm+39.193	0.002 1	NDLST=−0.000 2PerFarm+0.313 4	0.000 1
	LST=0.298 4PerGreen+39.306	0.017 7	NDLST=0.008PerGreen+0.305 4	0.017 3
	LST=0.071 7PerVeget+38.808	0.008 5	NDLST=0.000 8PerVeget+0.303 7	0.001 3
2007 年 4 月 10 日	LST=12.082NDVI+20.557	0.094 3	NDLST=0.524 4NDVI+0.348 8	0.095 9
	LST=8.570 9ISA+20.061	0.553 3	NDLST=0.368 5ISA+0.328 3	0.552 3
	LST=33.578NDBI+22.473	0.925 9	NDLST=1.442 5NDBI+0.431 9	0.923
	LST=0.422 9PerBuilt+20.298	0.511 4	NDLST=0.018 2PerBuilt+0.338 4	0.511 1
	LST=−0.606 9PerWater+24.897	0.750 3	NDLST=−0.026 1PerWater+0.536 3	0.751 8
	LST=0.033 7PerFarm+22.263	0.002 7	NDLST=0.001 5PerFarm+0.422 6	0.002 9
	LST=−0.129PerGreen+22.624	0.006 6	NDLST=−0.005 5PerGreen+0.438 3	0.006 4
	LST=0.010 1PerVeget+22.378	0.000 3	NDLST=0.000 5PerVeget+0.427 4	0.000 4

两个不同时期的结果表现出同样的规律，那就是水体及与非自然地表相关的因子和地表温度的线性关系都非常弱，自然覆盖类型对地表温度的影响还不明显；但是与建设用地相关的指标与地表温度的线性关系相对市域 5 000 m×5 000 m 尺度明显增强，这说明在中心城区建筑相对密集的基质下，建设用地对地表温度的影响力也明显变大。在所有的指标中，夏季水体比例和耕地比例与地表温度呈现负相关，春季水体比例和绿地比例与地表温度呈负线性相关，它们对城区地表温度的减缓能起到一定的作用。

8.3.2　中心城区地表温度与影响因子的相关性

表 8.8 和表 8.9 分别统计了 1987 年 9 月 26 日和 2007 年 4 月 10 日中心城区地表温度、正规化地表温度、归一化植被指数、不透水面指数的平均值及耕地比例、绿地比例、植被比例、水体比例和建设用地比例之间的相关系数。从表 8.8 中可以看出，夏季地表温度与不透水面指数相关性最强，相关系数为 0.742，与归一化建筑指数（0.709）、建设用地面积比例（0.691）和水体面积比例（−0.640）极显著相关；从表 8.9 可知，春季地表温度与归一化建筑指数相关性最强，相关系数为 0.962，与水体面积比例（−0.866）、不透水面指数（0.744）和建设用地面积比例（0.715）极显著相关。而其他各影响因子之间也多存在着线性相关，如 1987 年归一化植被指数和归一化建筑指数与其他指标均极显著相关，2007 年归一化植被指数和不透水面指数与其他指标均显著相关。

表 8.8　中心城区夏季（1987 年）地表温度与影响因子的相关系数

指数	LST	NDLST	NDVI	ISA	NDBI	PerGreen	PerFarm	PerVeget	PerWater	PerBuilt
LST	1									
NDLST	0.970**	1								
NDVI	0.241**	0.180**	1							
ISA	0.742**	0.783**	−0.262**	1						
NDBI	0.709**	0.690**	0.527**	0.437**	1					
PerGreen	0.133**	0.132**	0.227**	0.043	0.205**	1				
PerFarm	0.046	−0.009	0.837**	−0.483**	0.352**	−0.155**	1			
PerVeget	0.092*	0.036	0.910**	−0.465**	0.421**	0.193**	0.940**	1		
PerWater	−0.640**	−0.604**	−0.838**	−0.224**	−0.760**	−0.235**	−0.672**	−0.749**	1	
PerBuilt	0.691**	0.727**	−0.267**	0.981**	0.359**	0.018	−0.523**	−0.513**	−0.183**	1

注：$*p<0.1$；$**p<0.05$；下同。

表8.9　中心城区春季（2007年）地表温度与影响因子的相关系数

指数	LST	NDLST	NDVI	ISA	NDBI	PerGreen	PerFarm	PerVeget	PerWater	PerBuilt
LST	1									
NDLST	0.999**	1								
NDVI	0.307**	0.310**	1							
ISA	0.744**	0.743**	-0.231**	1						
NDBI	0.962**	0.961**	0.296**	0.748**	1					
PerGreen	-0.081	-0.080	0.510**	-0.230**	-0.066	1				
PerFarm	0.051	0.054	0.651**	-0.561**	0.024	-0.003	1			
PerVeget	0.017	0.019	0.797**	-0.607**	-0.003	0.379**	0.924**	1		
PerWater	-0.866**	-0.867**	-0.645**	-0.475**	-0.849**	-0.194**	-0.358**	-0.405**	1	
PerBuilt	0.715**	0.715**	-0.231**	0.996**	0.717**	-0.214**	-0.594**	-0.631**	-0.450**	1

8.3.3　中心城区地表温度的主导因子

按照市域主成分回归同样的方法，对逐步回归所选的自变量进行主成分分析，并进行回归，得到相应的主成分回归方程、标化线性回归方程和一般线性回归方程，见表8.10。从表8.10中可以看出，最佳标化主成分回归方程是具有统计学意义的（$P<0.01$），并且各主成分也都包含进入逐步回归的各自变量的信息，可推论标化线性回归方程和一般线性回归方程也具有统计学意义，且相应的回归系数均显著。而标化线性回归方程消除了不同变量间量纲的影响，因此可以利用标化线性回归方程中的偏相关系数进行影响因素分析。从表8.10可以看到，在中心城区2 000 m×2 000 m尺度下，对1987年9月26日地表温度影响最大的是归一化建筑指数，其次是不透水面指数和植被覆盖比例；而对于2007年4月10日而言，地表温度影响最大的也是归一化建筑指数，接下来依次是水体面积比例、不透水面指数及耕地面积比例。

同时可以利用一般线性回归方程进行地表温度的预测，从表8.10中地表温度与各影响因素的一般线性回归方程可以看出，归一化建筑指数对地表温度影响最大，如当归一化建筑指数每增加0.01时，夏季（1987年9月26日）和春季（2007年4月10日）的地表温度分别升高0.20 ℃和0.13 ℃，归一化建筑指数对中心城区的地表温度升高的贡献最大；其次是不透水面指数。不透水面指数从另一个角度反映了分析区域内的建设程度，对地表温度也有促进升高的作用。不透水面指数每增加1%，夏季和春季的地表温度分别升高0.11 ℃和0.03 ℃。对于2007年4月10日，水体面积比例与地表温度呈现负相关，说明水体有降低地表温度的作用，当研究单元内水体面积比例每增加 1%时，地表温度可降低 0.27 ℃。植被覆盖比例和耕地比例与地表温度呈现出正相关，说明在相应的尺度下对地表温度没有显现出调节的作用，因此在中心城区，2 000 m×2 000 m 尺度下，靠提高植被覆盖比例并不能有效缓解城市热岛效应，而行之有效地预防城市热岛的手段就是控制城市建设用地的不断增加，并且多使用透水材料代替不透水材料用于路面、停车场或其他城市铺装。

表 8.10　中心城区主成分回归方程

时期	方程	表达式	R^2
1987 年 9 月 26 日	标化线性回归方程	$LST' = 0.49ISA + 0.54NDBI + 0.03PerVeget$	0.856
	一般线性回归方程	$LST = 38.86 + 10.81ISA + 19.94NDBI + 0.03PerVeget$	
2007 年 4 月 10 日	标化线性回归方程	$LST' = 0.288ISA + 0.398NDBI + 0.057PerFarm - 0.387PerWater$	0.939
	一般线性回归方程	$LST = 22.424 + 3.316ISA + 13.904NDBI + 0.038PerFarm - 0.271PerWater$	

8.4　武汉市建成区热岛效应影响因素分析

8.4.1　建成区地表温度与地表覆盖指数的关系

武汉市建成区相对于武汉市市域和中心城区而言，人口密度大，建筑密度高，是城市热岛效应集中发生的区域，热岛形成原因更为重要，因此将建成区划分为 1 000 m×1 000 m 大小的格网对地表温度和相关指标进行统计，剔除掉明显不合理的格网外，中心城区共有格网 793 个。将每个格网的平均温度与各影响因子的关系进行一元线性回归分析，得到相应的线性拟合方程，见表 8.11。从表 8.11 中可以看到，地表温度与不透水面指数、归一化建筑指数、建设用地面积比例和水体面积比例拟合程度较好，而耕地在建成区基本没有分布，因此耕地面积比例与地表温度之间基本无线性关系。在所有的影响因子中，1987 年 9 月 26 日的不透水面指数与地表温度线性方程的拟合程度最好，R^2 达到 0.806；而 2007 年归一化建筑指数与地表温度的线性拟合程度最好，R^2 达到 0.941。水体面积比例与地表温度之间的线性拟合程度比市域和中心城区明显要好，说明水体在高楼林立的城市建成区明显具有调节温度的作用，这是因为在建成区高耸的楼房、狭窄的街道妨碍了城市内部余热和污染物与周围地区的交换，热量积聚在城市内部使得城市热岛得以形成，而水体由于表面的通透性为余热的交换提供了场所，同时水体的热容量大，能有效吸收环境中的热量，起到降温的作用。

表 8.11 武汉市建成区 1 000 m×1 000 m 格网地表温度与影响因子的关系

时间	LST 一元线性		NDLST 一元线性	
	回归方程	R^2	回归方程	R^2
1987年9月26日	LST=12.694 NDVI+37.875	0.141 1	NDLST=0.334 6 NDVI+0.273 0	0.129 3
	LST=13.959 ISA+39.633	0.806	NDLST=0.389 5 ISA+0.316 2	0.827 8
	LST=29.025 NDBI+42.48	0.728 3	NDLST=0.789 9 NDBI+0.395 1	0.711 5
	LST=3.363 5 PerBuilt+38.37	0.614 9	NDLST=0.095 7 PerBuilt+0.279 2	0.657 2
	LST=−3.478 1 PerWater+45.753 4	0.660 5	NDLST=−0.096 0 PerWater+0.485 8	0.663 8
	LST=−0.000 1 PerFarm+41.624 6	0.000 0	NDLST=−0.002 4 PerFarm+0.375 3	0.000 4
	LST=0.986 7 PerGreen+41.452	0.005 9	NDLST=0.022 1 PerGreen+0.368 0	0.003 9
	LST=0.109 2 PerVeget+41.447	0.000 7	NDLST=0.000 2 PerVeget+0.371 5	0.000 0
2007年4月10日	LST=24.23 NDVI+21.025	0.278	NDLST=1.047 4 NDVI+0.368 6	0.282 7
	LST=10.398 ISA+18.952	0.827 5	NDLST=0.448 3 ISA+0.279 5	0.837 0
	LST=36.551 NDBI+22.454	0.940 6	NDLST=1.563 9 NDBI+0.430 9	0.937 0
	LST=2.588 PerBuilt+17.932	0.726 6	NDLST=0.112 0 PerBuilt+0.234 6	0.740 5
	LST=−3.315 9 PerWater+26.483	0.894	NDLST=−0.142 6 PerWater+0.603 8	0.899 3
	LST=0.043 6 PerFarm+23.637 9	0.000 1	NDLST=0.002 4 PerFarm+0.481 3	0.000 1
	LST=−1.334 7 PerGreen+23.942 7	0.018 5	NDLST=−0.056 4 PerGreen+0.494 4	0.017 9
	LST=−0.293 1 PerVeget+23.862 6	0.003 6	NDLST=−0.012 0 PerVeget+0.490 7	0.003 3

8.4.2 建成区地表温度与影响因子的相关性

对地表温度与各影响因子进行相关性分析，表 8.12 和表 8.13 为地表温度及各影响因子之间的相关系数。1987 年 9 月 26 日，地表温度与不透水面指数相关性最强，相关系数为 0.898，其次与归一化建筑指数（0.853）、水体面积比例（−0.813）、建设用地面积比例（0.784）及归一化植被指数（0.376）相关性较强；2007 年 4 月 10 日地表温度与归一化建筑指数相关性最强，相关系数为 0.970，其次与水体面积比例（−0.946）、不透水面指数（0.910）、建设用地面积比例（0.852）及归一化植被指数（0.527）相关性较强。而各影响因子之间的线性相关性也很强，如归一化植被指数、不透水面指数、归一化建筑指数、水体面积比例及建设用地面积比例相互之间都存在极显著的线性相关性。

表 8.12 建成区夏季（1987 年）地表温度与影响因子的相关系数

指数	LST	NDLST	NDVI	ISA	NDBI	PerGreen	PerFarm	PerVeget	PerWater	PerBuilt
LST	1									
NDLST	0.974**	1								
NDVI	0.376**	0.360**	1							
ISA	0.898**	0.910**	0.205**	1						
NDBI	0.853**	0.843**	0.520**	0.863**	1					
PerGreen	0.077*	0.063	0.237**	0.049	0.152**	1				
PerFarm	0.000	−0.020	0.725**	−0.253**	0.160**	−0.086*	1			
PerVeget	0.026	0.002	0.783**	−0.229**	0.206**	0.249**	0.943**	1		
PerWater	−0.813**	−0.815**	−0.734**	−0.710**	−0.838**	−0.221**	−0.432**	−0.493**	1	
PerBuilt	0.784**	0.811**	−0.047	0.935**	0.631**	−0.026	−0.505**	−0.500**	−0.505**	1

表 8.13 建成区春季（2007 年）地表温度与影响因子的相关系数

指数	LST	NDLST	NDVI	ISA	NDBI	PerGreen	PerFarm	PerVeget	PerWater	PerBuilt
LST	1									
NDLST	0.997**	1								
NDVI	0.527**	0.532**	1							
ISA	0.910**	0.915**	0.261**	1						
NDBI	0.970**	0.968**	0.460**	0.919**	1					
PerGreen	−0.136**	−0.134**	0.371**	−0.231**	−0.158**	1				
PerFarm	0.008	0.010	0.446**	−0.326**	−0.043	−0.030	1			
PerVeget	−0.060	−0.057	0.578**	−0.403**	−0.116**	0.469**	0.869**	1		
PerWater	−0.946**	−0.948**	−0.634**	−0.842**	−0.917**	−0.054	−0.127**	−0.139**	1	
PerBuilt	0.852**	0.861**	0.204**	0.988**	0.863**	−0.241**	−0.420**	−0.491**	−0.785**	1

8.4.3 建成区地表温度的主导因子

按照市域主成分回归同样的方法，对逐步回归所选的自变量进行主成分分析，并进行回归，得到相应的主成分回归方程、标化线性回归方程和一般线性回归方程，见表 8.14。标化线性回归方程反映了各影响因子对地表温度的影响程度，从表 8.14 中可以看出，1987

年 9 月 26 日对地表温度影响最大的是不透水面指数，其次为水体面积比例、绿地面积比例及归一化植被指数；而 2007 年对地表温度影响最大的是归一化建筑指数，其次为水体面积比例、不透水面指数、建设用地面积比例、归一化植被指数及绿地覆盖面积，其中与建设用地相关的各指标对地表温度的影响程度表现比较一致。

对于 1987 年 9 月 26 日，地表温度与归一化植被指数、绿地面积比例和水体面积比例均呈现负相关，说明在建成区 1 000 m×1 000 m 尺度下，水体和植被对地表温度的调节作用开始显现，但是对地表温度影响最大的是不透水面指数，当不透水面指数每增加 1%时，地表温度上升 0.10 ℃；对于 2007 年 4 月 10 日，地表温度与水体比例和绿地比例呈现负线性相关，说明增加水体面积和绿地面积能缓解城市的热环境问题，但是地表温度与归一化植被指数仍然呈现正向相关，归一化建筑指数对地表温度的影响最大，其值每增加 0.01 时，地表温度上升 0.09 ℃。

表 8.14　建成区主成分回归方程

时期	方程	表达式	R^2
1987 年 9 月 26 日	标化线性回归方程	$LST' = -0.025\,NDVI + 0.639\,ISA - 0.030\,PerGreen - 0.380\,PerWater$	0.870
	一般线性回归方程	$LST = 40.791 - 0.856\,NDVI + 9.935\,ISA - 0.390\,PerGreen - 1.626\,PerWater$	
2007 年 4 月 10 日	标化线性回归方程	$LST' = 0.139\,NDVI + 0.237\,ISA + 0.243\,NDBI + 0.227\,PerBuilt - 0.016\,PerGreen - 0.242\,PerWater$	0.948
	一般线性回归方程	$LST = 20.666 + 6.390\,NDVI + 2.709\,ISA + 9.174\,NDBI + 0.690\,PerBuilt - 0.154\,PerGreen - 0.850\,PerWater$	

8.5　本章小结

本章选用 1987 年 9 月 26 日和 2007 年 4 月 10 日的遥感影像作为数据源，将武汉市按照不同的范围划分不同的格网尺度：①市域范围，5 000 m×5 000 m；②中心城区，2 000 m×2 000 m；③建成区，1 000 m×1 000 m，并根据实际情况选用归一化植被指数、不透水面指数、归一化建筑指数、耕地面积比例、植被覆盖指数、绿地面积比例、水体面积比例和建设用地面积比例等与地表温度密切相关的影响因子，分析它们在不同尺度对地表温度的影响，并进行主成分回归分析，得到相应的标化线性回归方程及一般线性回归方程。结果表明，不同尺度上影响地表温度的主要因素是不一样的，同一影响因子在不同尺度上对地表温度的影响程度也是不一样的。

对于市域 5 000 m×5 000 m 尺度，本章所选的影响因子与地表温度的主成分回归方程没有现实的统计学意义（1987 年，$R^2=0.284$；2007 年 $R^2=0.326$），这是因为本章所选的影响因素是基于人类活动对地表温度的影响、缓解城市热岛效应为目的的，并没有考虑大尺度上城市热岛效应的影响因素如地形、地貌特征及区域气候等的影响，结果也表明人类活动对城市下垫面性质的改变并不能反映在对大尺度地表温度和热岛效应的作用上，对区域和城市尺度上地表温度分布和城市热岛效应的形成及演变机制需要考虑更多大尺度的影响。

　　但是对于城市化程度较高的中心城区和建成区而言，下垫面性质的改变则对城市地表温度和城市热岛效应具有明显的作用，这从中心城区 2 000 m×2 000 m 和建成区 1 000 m×1 000 m 格网尺度各影响因素对地表温度的主成分回归方程可以得到证明。从相应的主成分回归方程可以看出，中心城区 2 000 m×2 000 m 尺度下，对地表温度影响最大的是归一化建筑指数，其次是不透水面指数；而在建成区 1 000 m×1 000 m 尺度下，不同季节表现出不同的特点，夏季（1987 年）对地表温度影响最大的是不透水面指数，春季（2007 年）则是归一化建筑指数。总之，与建筑覆盖相关的指数都呈现出对地表温度变化较大的贡献率。同时，随着尺度的变化，水体和植被相关的指数与地表温度的关系也随之变化，从中心城区到建成区，水体对地表温度的降低作用越来越明显，这就说明在城市化发展的过程中保留和增加水体面积对于缓解城市热岛有着非常重要的作用；而归一化植被指数和绿地面积比例与地表温度的关系从正相关变为负相关，这说明植被的降温作用在较小尺度上表现比较明显。这就对植被的降温及缓解城市热岛效应的作用机制及其尺度性研究提出了新的挑战。

参 考 文 献

蔡红艳, 杨小唤, 张树文, 2014. 植物物候对城市热岛响应的研究进展[J]. 生态学杂志, 1: 221-228.

曹丽琴, 张良培, 李平湘, 等, 2008. 城市下垫面覆盖类型变化对热岛效应影响的模拟研究[J]. 武汉大学学报(信息科学版), 33(12): 1229-1232.

陈爱莲, 孙然好, 陈利顶, 2012. 基于景观格局的城市热岛研究进展[J]. 生态学报, 32(14): 4553-4565.

陈利顶, 孙然好, 刘海莲, 2013. 城市景观格局演变的生态环境效应研究进展[J]. 生态学报, 33(4): 1042-1050.

陈业国, 农孟松, 2009. 2003—2006 年南宁市热岛强度变化特征[J]. 气候变化研究进展, 5(1): 35-38.

陈正洪, 王海军, 任国玉, 2007. 武汉市城市热岛强度的非对称性变化[J]. 气候变化研究进展, 3(5): 282-286.

冯悦怡, 胡潭高, 张力小, 2014. 城市公园景观空间结构对其热环境效应的影响[J]. 生态学报, 34(12): 3179-3187.

葛荣峰, 王京丽, 张丽小, 等, 2016. 北京市城市化进程中热环境响应[J]. 生态学报, 36(19): 6040-6049.

顾莹, 束炯, 2014. 上海近30年人为热变化及与气温的关系研究[J]. 长江流域资源与环境, 23(8): 1105-1110.

季崇萍, 刘伟东, 轩春怡, 2006. 北京城市化进程对城市热岛的影响研究[J]. 地球物理学报, 49(1): 69-77.

孔繁花, 尹海伟, 刘金勇, 等, 2013. 城市绿地降温效应研究进展与展望[J]. 自然资源学报, 28(1): 171-180.

李灿, 陈正洪, 2010. 武汉市主要年气候要素及其极值变化趋势[J]. 长江流域资源与环境, 19(1): 37-41.

李成范, 刘岚, 周廷刚, 等, 2009. 基于定量遥感技术的重庆市热岛效应[J]. 长江流域资源与环境, 18(1): 60-65.

李丽光, 许申来, 王博宏, 等, 2013. 基于源汇指数的沈阳热岛效应[J]. 应用生态学报, 24(12): 3446-3452.

李秀珍, 布仁仓, 常禹, 等, 2004. 景观格局指标对不同景观格局的反应[J]. 生态学报, 24(1): 123-134.

梁益同, 陈正洪, 夏智宏, 2010. 基于 RS 和 GIS 的武汉城市热岛效应年代演变及其机理分析[J]. 长江流域资源与环境, 19(8): 914-918.

刘润幸, 2001. 利用 SPSS 进行主成分回归分析[J]. 中国公共卫生, 17(8): 746-748.

刘焱序, 彭建, 王仰麟, 2017. 城市热岛效应与景观格局的关联: 从城市规模、景观组分到空间构型[J]. 生态学报, 37(23): 7769-7780.

彭保发, 石忆邵, 王贺封, 等, 2013. 城市热岛效应的影响机理及其作用规律: 以上海市为例[J]. 地理学报, 68(11): 1461-1471.

彭少麟, 周凯, 叶有华, 等, 2005. 城市热岛效应研究进展[J]. 生态环境, 14(4): 574-579.

寿亦萱, 张大林, 2012. 城市热岛效应的研究进展与展望[J]. 气象学报, 70(3): 338-353.

王文娟, 邓荣鑫, 2014. 城市绿地对城市热岛缓解效应研究[J]. 地理空间信息, 12(4): 52-54.

王艳芳, 沈永明, 陈寿军, 等, 2012. 景观格局指数相关性的幅度效应[J]. 生态学杂志, 31(8) : 2091-2097.

王跃辉, 杨为民, 陈桂良, 等, 2014. 北京景观格局及其热环境效应变化研究[J]. 西南林业大学学报, 34(2): 61-66, 83.

魏锦宏, 谭春阳, 王勇山, 2014. 中心城区不透水表面与城市热岛效应关系研究[J]. 测绘与空间地理信息, 37(4): 69-72.

吴凡, 景元书, 李雪源, 等, 2013. 南京地区高温热浪对心脑血管疾病日死亡人数的影响[J]. 环境卫生学杂志, 3(4): 288-292.

肖荣波, 欧阳志云, 李伟峰, 等, 2007. 城市热岛时空特征及其影响因素[J]. 气象科学, 27(2): 230-236.

谢启姣, 2016. 武汉城市热岛特征及其影响因素分析[J]. 长江流域资源与环境, 25(3): 462-469.

谢启姣, 刘进华, 胡道华, 2016. 武汉城市扩张对热场时空演变的影响[J]. 地理研究, 35(7): 1259-1272.

谢启姣, 陈昆仑, 金贵, 2017. 武汉城镇化与热岛效应的定量研究[J]. 测绘科学, 42(9): 71-76, 87.

谢启姣, 段吕晗, 汪正祥, 2018. 夏季城市景观格局对热场空间分布的影响:以武汉为例[J]. 长江流域资源与环境, 27(8): 1735-1744.

谢启姣, 欧阳钟璐, 2020. 武汉主城区热环境特征对城市建设的响应[J]. 测绘科学, 45(8): 145-150, 163.

徐涵秋, 2011. 基于城市地表参数变化的城市热岛效应分析[J]. 生态学报, 31(14): 3890-3901.

徐涵秋, 2015. 新型 Landsat-8 卫星影像的反射率和地表温度反演[J]. 地球物理学报, 58(3): 741-747.

杨英宝, 苏伟忠, 江南, 等, 2007. 南京市热岛效应变化时空特征及其与土地利用变化的关系[J]. 地理研究, 26(5): 877-887.

姚远, 陈曦, 钱静, 2018. 城市地表热环境研究进展[J]. 生态学报, 38(3): 1134-1147.

尹昌应, 石忆邵, 王贺封, 等, 2015. 城市地表形态对热环境的影响:以上海市为例[J]. 长江流域资源与环境, 24(1): 97-105.

余兆武, 郭青海, 孙然好, 2015. 基于景观尺度的城市冷岛效应研究综述[J]. 应用生态学报, 26(2): 636-642.

岳文泽, 徐丽华, 2007. 城市土地利用类型及格局的热环境效应研究[J]. 地理科学, 27(2): 243-248.

岳文泽, 徐建华, 徐丽华, 2006. 基于遥感影像的城市土地利用生态环境效应研究[J]. 生态学报, 26(5): 1450-1460.

岳文泽, 徐丽华, 徐建华, 2010. 20 世纪 90 年代上海市热环境变化及其社会经济驱动力[J]. 生态学报, 30(1): 155-164.

张好, 徐涵秋, 李乐, 等, 2014. 成都市热岛效应与城市空间发展关系分析[J]. 地球信息科学学报, 16(1): 70-78.

张俊, 游致远, 俞文政, 2019. 武汉市城市化发展对气候变化影响研究[J]. 西北林学院学报, 34(6): 89-95.

张穗, 何报寅, 杜耘, 2003. 武汉市城区热岛效应的遥感研究[J]. 长江流域资源与环境, 12(5): 445-449.

张伟, 蒋锦刚, 朱玉碧, 2015. 基于空间统计特征的城市热环境时空演化[J]. 应用生态学报, 26(6): 1840-1846.

张新乐, 张树文, 李颖, 等, 2008. 土地利用类型及其格局变化的热环境效应:以哈尔滨市为例[J]. 中国科学院研究生院学报, 25(6): 756-763.

张兆明, 何国金, 肖荣波, 等, 2006. 北京市热岛演变遥感研究[J]. 遥感信息, 5: 46-48.

张兆明, 何国金, 肖荣波, 等, 2007. 基于 RS 与 GIS 的北京市热岛研究[J]. 地球科学与环境学报, 29(1):107-110.

周淑贞, 束炯, 1994. 城市气候学[M]. 北京: 气象出版社.

周雅星, 刘茂松, 徐驰, 等, 2014. 南京市市域热场分布与景观格局的关联分析[J]. 生态学杂志, 33(8): 2199-2206.

庄元, 薛东前, 王剑, 2017. 半干旱区典型工业城市热岛时空分布及演变特征:以包头市为例[J]. 干旱区地理, 40(2): 276-283.

ABBASSI Y, AHMADIKIA H, BANIASADI E, 2020. Prediction of pollution dispersion under urban heat island circulation for different atmospheric stratification[J]. Building and environment, 168: 106374.

ARTIS D A, CARNAHAN W H, 1982. Survey of emissivity variability in thermography of urban areas[J]. Remote sensing of environment, 12: 313-329.

BERNARD J, MUSY M, CALMET I, et al., 2017. Urban heat island temporal and spatial variations: Empirical modeling from geographical and meteorological data[J]. Building and environment, 125: 423-438.

BORNSTEIN R, LIN Q L, 2000. Urban heat islands and summertime convective thunder storms in Atlanta: Three case studies[J]. Atmospheric environment, 34: 507-516.

CARLSON T N, 2012. Land use and impervious surface area by county in Pennsylvania (1985-2000) as interpreted quantitatively by means of satellite imagery[J]. The open geography journal, 5: 59-67.

CARLSON T N, TRACI A S, 2000. The impact of land use-land cover changes due to urbanization on surface microclimate and hydrology: A satellite perspective[J]. Global and planetary change, 25(1-2): 49-65.

CHANDER G, MARKHAM B. 2003. Revised Landsat-5 TM radiometric calibration procedures and post calibration dynamic ranges[J]. IEEE transactions on geoscience and remote sensing, 41: 2674-2677.

CHAPMAN S, WATSON J, SALAZAR A, et al., 2017. The impact of urbanization and climate change on urban temperatures: A systematic review[J]. Landscape ecology, 32(10): 1921-1935.

CHAVEZ P S,1996. Image-based atmospheric corrections-revisited and improved[J]. Photogrammetric engineering and remote sensing, 62(1): 1025-1036.

CONNORS J P, GALLETTI C S, CHOW W, 2013. Landscape configuration and urban heat island effects: Assessing the relationship between landscape characteristics and land surface temperature in Phoenix, Arizona [J]. Landscape ecology, 28: 271-283.

DEILAMIA K, KAMRUZZAMANB MD, LIU Y, 2018. Urban heat island effect: A systematic review of spatio-temporal factors, data, methods, and mitigation measures[J]. International journal of applied earth observation and geoinformation, 67: 30-42.

DOANA V Q, KUSAKAA H, NGUYEN T M, 2019. Roles of past, present, and future land use and anthropogenic heat release changes on urban heat island effects in Hanoi, Vietnam: Numerical experiments with a regional climate model[J]. Sustainable cities and society, 47: 101479.

DU H Y, WANG D D, WANG Y Y, et al., 2018. Influences of land cover types, meteorological conditions, anthropogenic heat and urban area on surface urban heat island in the Yangtze River delta urban agglomeration[J]. Science of the total environment, 571: 461-470.

ESTOQUE R C, MURAYAMA R J, MYUBT S W, 2017. Effects of landscape composition and pattern on land surface temperature: An urban heat island study in the megacities of Southeast Asia[J]. Science of the total environment, 577: 349-359.

GAGO E J, ROLDAN J, PACHECO-TORRES J, et al., 2013. The city and urban heat islands: A review of strategies to mitigate adverse effects[J]. Renewable and sustainable energy reviews, 25: 749-758.

GIRIDHARANA R, EMMANUEL R, 2018. The impact of urban compactness, comfort strategies and energy consumption on tropical urban heat island intensity: A review[J]. Sustainable cities and society, 40: 677-687.

HAMDI R. 2010. Estimating urban heat island effects on the temperature series of Uccle (Brussels, Belgium) using remote sensing data and a land surface scheme[J]. Remote sensing, 2(12): 2773-2784.

HJORT J, SUOMI J, KÄYHKÖ J, 2011. Spatial prediction of urban-rural temperatures using statistical methods[J]. Theoretical and applied climatology, 106(1): 139-152.

HONG J W, HONG J, KWON E E, et al., 2019. Temporal dynamics of urban heat island correlated with the socioeconomic development over the past half-century in Seoul, Korea[J]. Environmental pollution, 254: 112934.

HOU H, ESTOQUE R C, 2020. Detecting cooling effect of landscape from composition and configuration: An urban heat island study on Hangzhou[J]. Urban forestry & urban greening, 53: 126719.

IPCC, 2001. Climate change 2001: The scientific basis[M]. Cambridge: Cambridge University Press.

JIMÉNEZ-MUÑOZ J C, SOBRINO J A, SKOKOVI' D, et al., 2014. Land surface temperature retrieval methods from Landsat-8 thermal infrared sensor data[J]. IEEE transactions on geoscience and remote sensing, 11: 1840-1843.

JOCHNER S, MENZEL A, 2015. Urban phenological studies-past, present, future[J]. Environmental pollution, 203: 250-261.

LAZZARINI M, MARPU P R, GHEDIRA H, 2013. Temperature-land cover interactions: The inversion of urban heat island phenomenon in desert city areas[J]. Remote sensing of environment, 130: 136-152.

LI H, MEIER F, LEE XH, et al., 2018. Interaction between urban heat island and urban pollution island during summer in Berlin[J]. Science of total environment, 636: 818-828.

LI X M, ZHOU Y Y, ASRAR G R, 2017. The surface urban heat island response to urban expansion: A panel analysis for the conterminous United States[J]. Science of the total environment, 605-606: 426-435.

LI X M, ZHOU Y Y, YU S, et al., 2019. Urban heat island impacts on building energy consumption: A review of approaches and findings[J]. Energy, 174: 407-419.

LIN Y K, CHANG C K, LI Y C, et al., 2012. High-temperature indices associated with mortality and outpatient visits: Characterizing the association with elevated temperature[J]. Science of the total environment, 427-428: 41-49.

LIU L, ZHANG Y Z, 2011. Urban heat island analysis using the Landsat TM data and ASTER data: A case study in Hong Kong[J]. Remote sensing, 3(12): 1535-1552.

MANLEY G, 1958. On the frequency of snowfall in metropolitan England[J]. Quarterly journal of the royal meteorological society, 84(359): 70-72.

MORRIS K I, CHAN A, MORRIS K J K, et al., 2017. Impact of urbanization level on the interactions of urban area, the urban climate, and human thermal comfort[J]. Applied geography, 79: 50-72.

OKE T R, 1987. Boundary layer climates (second edition) [M]. London: Methuen and Co.

OKE T R, 1995. The heat island characteristics of the urban boundary layer: Characteristics, causes and effects [C]//Proceedings of the NATO Advanced Study Institue on Wind Climate in Cities, Waldbronn,

Germany, Neterlands: Kluwer Academic: 81-107.

QUAN J L, CHEN Y H, ZHAN W F, et al., 2014. Multi-temporal trajectory of the urban heat island centroid in Beijing, China based on a Gaussian volume model[J]. Remote sensing of environment, 149: 33-46.

RAYNOLDS M K, COMISO J C, WALKER D A, et al., 2008. Relationship between satellite-derived land surface temperatures, arctic vegetation types, and NDVI[J]. Remote sensing of environment, 112(4): 1884-1894.

RIDD M K, 1995. Exploring a V-I-S (vegetation-impervious-surface-soil) model for urban ecosystem analysis through remote sensing: Comparative anatomy for cities[J]. International journal of remote sensing, 16(12): 2165-2185.

SAITOH T S, SHIMADA T, HOHI H, 1996. Modeling and simulation of t he Tokyo urban heat island[J]. Atmospheric environment, 30(20): 3431-3442.

SANTAMOURIS M, 2015. Analyzing the heat island magnitude and characteristics in one hundred Asian and Australian cities and regions[J]. Science of the total environment, 512-513: 582-598.

SANTAMOURIS M, KOLOKOTSA D, 2015. On the impact of urban overheating and extreme climatic conditions on housing, energy, comfort and environmental quality of vulnerable population in Europe[J]. Energy and buildings, 98: 125-133.

SHEPHERD J M, PIERCE H, NEGRI A J, 2002. Rainfall modification by major urban areas: Observations from space borne rain radar on the TRMM satellite[J]. Journal of applied meteorology, 41(7): 689-701.

SILVA J S, SILVA R M, SANTOS G, 2018. Spatiotemporal impact of land use/land cover changes on urban heat islands: A case study of Paço do Lumiar, Brazil[J]. Building and environment, 136: 279-292.

SOBRINO J A, JIMENE-MUNOZ J C, PAOLINI L, 2004. Land surface temperature retrieval from LANDSAT TM5[J]. Remote sensing of environment, 90(4): 434-440.

SONG C, WOODCOCK C E, SOTO K C, et al., 2001. Classification and change detection using landsat TM data: when and how to correct atmopheric effects[J]. Remoto sensiong of environment, 75: 230-244.

SUKOPP H, 1998. Urban ecology-scientific and practical aspects[M]// BREUSTE J. FELDMANN H U, eds. Urban Ecology. Berlin: Springer-Verlag: 3-16.

TANG Z, SHI C B, BI K X, 2014. Impacts of land cover change and socioeconomic development on ecosystem service values[J]. Environmental engineering and management journal, 13: 2697-2705.

VAN DE GRIEND A A, OWE M, 1993. On the relationship between thermal emissivity and the normalized difference vegetation index for nature surfaces[J]. International journal of remote sensing, 14(6): 1119-1131.

VOOGT J A, OKE T R, 2003. Thermal remote sensing of urban areas[J]. Remote sensing of environment, 86: 370-384.

WARD K, LAUF S, KLEINSCHMIT B, 2016. Heat waves and urban heat islands in Europe: A review of relevant drivers[J]. Science of the total environment, 569-570 : 527-539.

WENG Q, 2003. Fraetal analysis of satellite-deteeted urban heat island effect[J]. Photogrammetric engineering and remote sensing, 69(5): 555-566.

XIE Q J, ZHOU Z X, 2015. Impact of urbanization on urban heat island effect based on TM imagery in Wuhan, China[J]. Environmental engineering and management journal, 14(3): 647-655.

XIE Q J, ZHOU Z X, TENG M J, et al., 2012. A multi-temporal Landsat TM data analysis of the impact of land use and land cover changes on the urban heat island effect[J]. Journal of food, agriculture & environment, 10(2): 803-809.

YUAN F, BAUER M E, 2007. Comparison of impervious surface area and normalized difference vegetation index as indicators of surface urban heat island effects in Landsat imagery[J]. Remote sensing of environment, 106: 375-386.

ZHANG H, QI Z F, YE X Y, et al., 2013. Analysis of land use/land cover change, population shift, and their effects on spatiotemporal patterns of urban heat islands in metropolitan Shanghai, China[J]. Applied geography, 44: 121-133.

ZHANG Y S, ODEH INAKWU O A, HAN C F, 2009. Bi-temporal characterization of land surface temperature in relation to impervious surface area, NDVI and NDBI, using a sub-pixel image analysis[J]. International journal of applied earth observation and geoinformation, 11(4): 256-264.

ZHENG B J, MYINT S W, FAN C, 2014. Spatial configuration of anthropogenic land cover impacts on urban warming[J]. Landscape and urban planning, 130(1): 104-111.

ZHOU D C, ZHAO S Q, ZHANG L G, et al., 2016. Remotely sensed assessment of urbanization effects on vegetation phenology in China's 32 major cities[J]. Remote sensing of environment, 176: 272-281.

ZHOU W Q, HUANG G L, CADENASSO M L, 2011. Does spatial configuration matter? understanding the effects of land cover pattern on land surface temperature in urban landscapes[J]. Landscape and urban planning, 102: 54-63.